静心的智慧

静下来，一切都会好

梦 芝 ◎ 编著

文化发展出版社
Cultural Development Press
·北京·

图书在版编目（CIP）数据

静心的智慧 / 梦芝编著． — 北京：文化发展出版社，2023.9
ISBN 978-7-5142-4068-9

Ⅰ.①静… Ⅱ.①梦… Ⅲ.①人生哲学-通俗读物 Ⅳ.①B821-49

中国国家版本馆CIP数据核字（2023）第163095号

静心的智慧

编　　著：梦　芝	
出 版 人：宋　娜	责任印制：杨　骏
责任编辑：孙豆豆	责任校对：岳智勇
特约编辑：博　雅	封面设计：仙　境
出版发行：文化发展出版社（北京市翠微路2号 邮编：100036）	
网　　址：www.wenhuafazhan.com	
经　　销：全国新华书店	
印　　刷：三河市华晨印务有限公司	
开　　本：880mm×1230mm　1/32	
字　　数：154千字	
印　　张：6.75	
版　　次：2023年9月第1版	
印　　次：2023年9月第1次印刷	
定　　价：36.00元	
ISBN：978-7-5142-4068-9	

◆　如有印装质量问题，请电话联系：010-65780016

老子在《道德经》里说:"万物生于静,归于静。"在老子看来,真正的生活应是平静如水的,心不静,则不安;心不安,则无所依。

庄子说:"圣人之静也,非曰静也善,故静也;万物不足以铙心者,故静也。"圣人的静,并不是因为静有好处,才让自己静;而是因为外界的人事物,都无法扰乱他的心,所以得到清净。

我们在工作生活中,遇到压力、烦心事的时候,总会说:"让我静一静。"其实,人的内心和精神,天生喜静,只是大多数人被外界的东西吸引,而忽略了内心的真实需求。静的好处,可以养精蓄锐,可以精神抖擞,使人神采奕奕。

古代养生学有一本书名为《保生心鉴》,里面有一句话说:"心静可以通乎神明,事未至而先知。"意思是说,心里宁静,五脏六腑的气血运行通畅,精神魂魄固守不动,思虑达到毫无杂念的空明境界,就可以通达神明,也就能在事情还未发生时就预先知道。

"静",为什么会有这么大的威力,竟然能神明相通?

因为，静能让一个人在外界无论怎么变化的情况下，内在都如如不动。这样的话，遇到任何事情，都能保持通达无碍，不被外相所迷惑，自然就能得出正确的判断和决策。

北宋哲学家程颢说："万物静观皆自得。"只要心态平和地静观世界，就能从中知悉万物产生和变化的规律，就能以不变应万变，也能得到内心的满足和自在。纵观世间，凡是能于风云变幻中稳立不动之人，都是心静神安之人。

谁不想过悠然自在的生活？人的终极目标，都是在寻找自由的境界。想要达到这层境界，需满足三个条件：一、平和的心态，二、健康的身体，三、充足的物质。三者并非并列关系，而是递进关系。一颗平静的心，是拥有一副健康体魄的基础，一颗平静的心和一副健康体魄，又是拥有富贵荣华的两大基石。可见，想要过好一生，拥有一颗平静的心，多么重要。

那些特别有福气的人，很少会失控，几乎看不到他们惊慌的一面。这份"泰山崩于前而色不变"的镇定自若，便得益于内心的静。所谓"一旦静下来，则天下无敌"便是如此。

静，是一种境界。

一旦静下来，心便变得坚定，思维变得清晰，悟性迅速增长。

一旦静下来，就能洞悉万物本质，领悟人生真谛。

一旦静下来，就能明辨是非，做出正确的抉择。

一旦静下来，就能沉淀心灵，提升自我修养，成为内心强大的人。

一旦静下来，就能拥有神奇的力量，不被外在困难所压倒，不被内心的恐惧所束缚。

一旦静下来，我们就能够成为真正的自己，在人生的道路上，走得更加坚定。

…………

总之，拥有了"静"，无论外界如何喧嚣，内心始终宁静自在，如同一池清泉，清澈透明，不受污染。

达到这种境界，人们也就具备了"把握事物本质，看清问题本质，并做出明智决策和判断"的智慧，它能让我们不被情绪所左右，更加从容、自信和理性地应对困境和挑战。

静心虽好，但不是谁都有的。它并非与生俱来的天赋，而是通过不断的学习、思考、实践和反思，逐渐发展和提升而来的、人类最高层次的认知能力。

一旦静下来，则天下无敌。道理都懂，但大多数人，尤其是现在的年轻人，往往忙于追求外在的事物，而忽略了内心的平衡和满足。他们整日被愤怒、抱怨、焦虑、浮躁、偏执、悲伤、迷茫、沮丧等负面情绪困扰，心里哪得一丝宁静？

本书融合世界心理学大家阿尔弗雷德·阿德勒的思想理念，向读者讲述静心的智慧：静心的人，不生分别，不生烦恼，不生执着，更不会颠倒混乱。在一个静心的人面前，生活从来不会无序，世界从来不会喧嚣。

目录

第一章　不生气的智慧：你笑起来就是好天气

情绪稳定是最高级别的修养 / 3

别让坏脾气毁了一生 / 7

不生气，你就赢了 / 11

为情绪找一个好的出口 / 15

第二章　不抱怨的智慧：接纳生命中的不完美

你之所以爱抱怨，是因为不够强大 / 21

乐观、乐观、乐观，重要的事说三遍 / 25

绝不抱怨，是人生不败的奥秘 / 29

与其诅咒黑暗，不如点燃蜡烛 / 34

第三章　不焦虑的智慧：最好的状态，是活出松弛感

总会过去，总会到来 / 41

随他去吧，一切都刚刚好 / 45

你不必时时刻刻都表现坚强 / 49

世界很喧嚣，做自己就好 / 53

第四章　不浮躁的智慧：静下来，你能拔山盖世

退就是进，慢就是快 / 59

把你架在火上烤的不是别人 / 63

车有车道，马有马道 / 67

有耐心的人才能得到他想要的 / 71

别让明天的雨淋湿今天的你 / 75

第五章　不偏执的智慧：放下执念，自由自在

不偏执，才能看到更多可能 / 81

放下执念，打破"蛇吞象"的魔咒 / 85

放自己一马，才知道生活有多精彩 / 90

别让偏见成为枷锁，保持开放的心态 / 94

第六章　不怨恨的智慧：怨恨是一堵墙，阻挡前行的路

学会宽容，别让仇恨蒙住了双眼 / 101

把遗憾当作成全，才能收获安然自得 / 106

接受从来就比怨恨要好 / 111

柔和的舌头能折断骨头 / 116

第七章　不悲伤的智慧：虽然悲伤来过，但它终究是过客

没有一种伤痛不能被减轻 / 123

你难过，可能是你思维出现了偏差 / 127

失去不重要，重要的是面对失去 / 132

一念悲伤，一念欢喜 / 135

第八章　不迷茫的智慧：坚毅是你的人生底色

甜是甜的味道，苦是苦的味道 / 141

这世界很好，但你也不差 / 145

天黑怕什么，总是会天亮 / 148

学会坚毅行事，迷茫自会消散 / 152

第九章　不沮丧的智慧：万物皆有裂痕，那是光进来的地方

机会都是留给不沮丧的人 / 159

跌倒不可怕，可怕的是就此躺平 / 163

人生漫长，做一回"王婆"又何妨 / 167

第十章　不畏惧的智慧：你的未来由你定义

走出舒适区的你真好看 / 173

做漆黑夜里的发光体 / 177

每天勇敢一点，每天进步一点 / 181

困境不是终点，而是奋斗的起点 / 184

第十一章　不计较的智慧：会让步的人才不会退步

小事何必计较，大事何须惊慌 / 189

让步是聪明人的选择 / 193

别太较真，尊重他人才会顺利 / 197

只有不计较输，才有可能赢 / 201

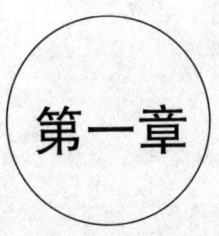

不生气的智慧：
你笑起来就是好天气

第一章

你笑起来就是最好的天气

生活中，难免会被伤害，或遭遇不公平对待，这时的我们往往会生气，内心的愤怒，犹如乌云笼罩在我们的头顶。但如果用微笑面对这些伤害和不公平对待，就能保持平衡的心态，因为，它会促进身体内分泌出多巴胺，帮我们改善心情，缓解压力。花会被浇死，鱼会被撑死，人会被气死。别生气，笑一笑，你笑起来就是好天气！

 我们不是因为一时气昏了头而口出恶言，而是为了操纵、支配对方，想让对方遵从自己的意愿和期望，创造与利用了名为"愤怒"的情感。

——阿尔弗雷德·阿德勒

情绪稳定是最高级别的修养

一个人愤怒的根本原因，并不是眼前发生的事情，而是针对这件事情背后的人。

一对夫妻带孩子去医院看病。因为排队等候时间过长，丈夫生气了。

他冲着妻子大声嚷："都怪你，要是早点来排队，我们不至于等这么久。"他的叫嚷惊得孩子一激灵。

"我交接工作耽误了一些时间。"妻子柔声说，"下次不会了！"

丈夫愤怒地咆哮："还有下次？做梦！你不听我的安排，这日子没法过了，回去就离婚。"孩子吓得"哇哇"大哭。

妻子一边安抚孩子，一边冷静地对丈夫说道："耐心点，别说气话。"

丈夫听后，悻悻地闭上了嘴。

阿德勒说:"我们不是因为一时气昏了头而口出恶言,而是为了操纵、支配对方,想让对方遵从自己的意愿和期望,创造与利用了名为'愤怒'的情感。"

生气的丈夫说出"离婚不过了"这样的恶言,并不是孩子生病排队这件事情,而是他认为妻子没有遵从他的意愿,这个认知激发了他的负面情绪,使他愤怒和生气。幸亏妻子用稳定的情绪化解了他的愤怒。

一个小时后,夫妻二人拿着大夫开的药,抱着孩子放心地走出医院。笼罩在这个家庭上空的阴霾一扫而空,一切雨过天晴。

每个人都有愤怒的时候,但不是每个人都有一个情绪稳定的"妻子"在身边。妻贤夫祸少。我们必须自救,才能避免情绪失控,跌进愤怒的泥淖。

因为生气的根本原因,源于事情背后的人没有遵从自己的意愿和期望,所以,当我们生气时,我们应该做的不是去指责他人,而是要观照自己的情绪,了解自己的需求。并采取积极的行动,来控制自己的情绪,满足自己的需求。切勿将情绪转移到他人身上,制造更多的问题和矛盾。

只有当你能够控制自己的情绪,才能更好地理解和尊重他人的想法感受。

在这一点上,那位妻子做得非常好。她懂得这样一个道理:在处理问题和沟通交流时,保持冷静和理智是十分必要的。这种情绪稳定,是一个人最高级别的修养!

人生在世,不如意事,十常八九。如果情绪不稳定,那你就不得不从一个泥淖跌进另一个泥淖,周而复始,永无止境,你的一生都将在痛苦中度过。

但如果你的情绪稳定,就不一样了,你懂得尊重他人,不强行要求他人遵从你的意愿而活。这样的你，心态从容，处事淡定，在不如意的事情面前，会更容易找到问题的根源，并制订有效的解决方案。

在某公司内部会议上，脾气暴躁的总经理厉声斥责员工："过去几个月里，我们公司的业绩一直下滑。你们都在干嘛？再这样下去，大家都卷铺盖滚蛋！"

总经理的情绪很不稳定，甚至开始发脾气骂人。吓得员工们瑟瑟发抖，公司里士气非常低落。

董事长得知此事后，匆匆赶到公司。他很平和地对总经理说："作为公司的掌舵人，我比你们更生气。但现在，我们需要把情绪放到一边，集中讨论如何解决问题。"

董事长说话不急不躁，让总经理慢慢冷静下来。他进行思考和自我反省，然后很惭愧地说："是我太急躁，我的不稳定情绪影响到员工的积极性，才导致公司业绩下滑。"

情绪稳定的董事长，并没有因为公司业绩下降而针对总经理和员工，反而从容淡定地安抚和引导大家。

从他身上，总经理认识到一点：**情绪稳定的人，做事更沉稳，分析问题更理性，做决策也更稳健，也就更容易取得成功。**

在董事长的带动下，总经理学会控制自己的情绪并保持冷静。他不再发脾气，而是和员工们一起努力改善公司的状况。

因为总经理的情绪稳定了，不因随便发脾气而让员工紧张，员工们的士气由此得以恢复，公司上下团结一心，业绩也很快得到回升。

员工们后来愿意和情绪稳定的总经理团结一心，说明一个道理：**情绪稳定的人，能够更好地控制自己的情绪和行为，不会冲动发狂，不会暴躁发怒，与他相处如沐春风一般，也就更让人愿**

意亲近。

情绪是把双刃剑，负面情绪能一步一步地把你拉向深渊；而积极的情绪，哪怕你身在地狱也能把你拉回来。控制好自己的情绪，才能控制好自己的人生。

▶ 静心的智慧

情绪稳定是一种重要的心理修养，它不是先天遗传的基因，而是后天培养的能力。那么，怎样提高自己情绪稳定的能力呢？可以这样做：

（1）多读书。家有诗书，人多儒雅，情绪也更稳定。这是因为，读书多，可以让我们眼界开阔，心灵充实，自我修养提高，情绪就会更稳定。

（2）多旅行。既开阔眼界，还化解烦恼，情绪会更稳定。

（3）保持良好的生活习惯。良好的生活习惯会让你的身体更健康，神志更清醒，精力更充沛，情绪也更稳定。

 性格不是天生的、永恒不变的,而是可以由自己的意志决定。只要你愿意,性格随时随地可以改变。

——阿尔弗雷德·阿德勒

别让坏脾气毁了一生

有"长寿之乡"美誉的江苏省南通市,有上千名百岁老人。某年重阳节之际,一家报社采访了这些长寿老人,以探究长寿的秘诀。

采访结果显示,老人们有一个共同的特点:遇事往开想,从不发脾气。而这,便是长寿的秘诀之一。

脾气是什么?心理学上说,脾气是个体在情绪上的反应倾向和个性特点,是个人情绪表达和管理方式的一种体现。它包含了一个人的情绪稳定性、易怒程度、耐心程度、情绪表达方式等多个因素。这几个因素都好的人,是不会轻易发脾气的。

但有些人脾气急躁、易怒,容易产生矛盾和冲突,这就是人们常说的坏脾气。

坏脾气的人,往往不顺遂,有的丢了工作,有的家破人亡。

一对小夫妻去面馆吃面。等了半小时,面才端上来。面已经坨了,也凉了,很难吃,妻子忍不住抱怨了两句。丈夫突然暴躁地起身，端起面碗砸向店老板。面碗不偏不倚，砸在老板的太阳穴上，老板没来得及吭一声，便倒在地上昏死过去，店里顿时乱作一团。

不多时，警察和救护车都赶到面馆。暴躁的丈夫，就因为坏脾气，他将同时面临着破财救人和刑事拘留的灾祸。

尽管后来店老板被抢救过来，但却成了植物人，这对夫妻不得不卖了房子支付巨额的治疗费。因无法承受这种压力，妻子也和丈夫离了婚。好好的生活被丈夫的坏脾气毁得一干二净。

其实，在生活中，诸如此类的不顺心之事比比皆是。一旦不顺心，就怒火中烧，就打打骂骂，最后毁掉的，也许会有他人，但绝对会有你自己。

发脾气往往解决不了问题，反而会把事情弄得更糟。就像那对吃面的小夫妻，仅仅因为一次坏脾气，就弄得倾家荡产，妻离子散。

所以，要成为一个心灵安宁的人，别让坏脾气毁了你！

一定要记住：把脾气拿出来，那叫本能；把脾气压下去，那叫本事。

本能人人有之，本事却不是人人都有的。可见，压制坏脾气的本事是后天得来的。

阿德勒说：**"性格不是天生的、永恒不变的，而是可以由自己的意志决定。只要你愿意，性格随时随地可以改变。"** 也就是说，脾气也是可以训练的。

当你遇到不顺心、受到挫折、被忽视，或是与他人起冲突时，你要做的，不是用发脾气来发泄情绪，而是要让自己冷静下来。你可以缓慢而深入地呼吸，也可以从1数到10，还可以暂时离开导致你要发脾气的事物源……

无论采取哪种方法,都能分散你的注意力,降低你的怒气值,从而避免你发坏脾气。

一个小男孩,脾气非常坏,动不动就打人,打不过就咬,他的父母为此很苦恼。后来,他父亲想出一个办法。

父亲给了男孩一根钢钎和一把榔头,并告诉他,每当他想发脾气时,就去后山凿一个台阶。

第一个月,小男孩凿出三十个台阶。第二个月,小男孩凿出十个台阶。第三个月,小男孩凿出五个台阶。第四个月,小男孩凿出一个台阶,这也是通往山顶的最后一个台阶。

父亲和男孩并肩站在山顶时,父亲拥抱并祝贺他:"已经拥有了把脾气压下去的本事。"父亲也告诉他,因为把坏脾气压下去,他才有机会站在最高处看风景。

世上哪里有一帆风顺的人生,只有能控制住坏脾气的人。能控制住坏脾气的人,才能攀上山巅,所以他比那些能攻下一座城池的人,更强大!

真正厉害的人,都是控住脾气,耐下性子的人,只有他们,才能把生活过得有声有色!

▶ 静心的智慧

时时观照自己,如果存在脾气坏的问题,可以采取以下措施去改善:

(1)寻找适当的出口。如果感到愤怒,可以通过运动、写日记或沉浸于一些有趣的活动中,以缓解自己的情绪。

(2)与他人沟通。以开放性的态度,诚实地表达自己的想法和感受。通过与他人的积极沟通,可以更好地了解别人的观点和看法,从而减少因误解而引起的不必要的矛盾。

(3)练习耐心。耐心是控制坏脾气的关键。学会忍耐和包容,你会发现,事情其实并没有那么糟。

(4)寻求帮助。如果实在控制不住坏脾气,可以寻求专业的帮助,如心理咨询,以帮助自己更好地控制情绪。

 你的不幸,皆是自己"选择"的。
——阿尔弗雷德·阿德勒

不生气,你就赢了

治疗室内,一位女患者将手里的化验单重重摔在丈夫脸上,丈夫脸色大变,抡起拳头就要砸向女患者。女患者怒不可遏,扑上去和他厮打起来,嘴里还嚷着:"你打呀,我都被你气出乳腺癌了,你还要打我吗?"吓得众人连忙拉开二人。

那女患者失声痛哭起来,她哭诉道:"他脾气暴躁,这些年来对我非打即骂,我看在孩子分上都忍了。但我生气啊!我没做错事,怎么会不生气呢?我以为隐忍会换来安宁,哪里知道换来的是癌症。"

在很多医生看来,人体有些疾病是情绪引起的。这位女患者经常生气,又长期压抑自己的情绪,导致大脑过量分泌一种叫做皮质醇的激素。该激素会抑制免疫系统的正常功能,久而久之,引发身体发生病变,导致患上了乳腺癌。

生气严重影响人体的健康。比如,生气会导致心跳加快,血管收缩,血压升高,从而出现高血压;生气时肌肉会紧绷,手脚发抖,从而导致肌肉痉挛;生气时胃酸会增加,食欲减退,久而久之,会出现胃溃疡;等等。

身体只有一个，无可替换，气坏了就不得不承受治疗的痛苦，甚至要面临无法治愈的绝望。从这个角度来说，生气其实是和自己过不去！

生而为人，自带社会属性，有家人、有朋友、有对手……有人的地方就有江湖，有江湖就有恩怨和冲突！面对恩怨和冲突，明知生气是和自己过不去，但还是绕不开让你生气的人和事。既然绕不开，那我们有必要去探究生气的真相：敌人让你生气，是因为你没有胜他的把握；朋友让你生气，是因为你在意和他的友情；家人让你生气，是因为你渴求家庭的和睦。你之所以生气，是因为你对他们有期望。然而，人的情感是复杂的，生气并不能让你和他们产生良性互动，反而会激化矛盾。最糟的结果，就是把自己气病。

知道真相后，你还会生气吗？当然不！

我们绕不开生气的人和事，但我们可以选择不生气。聪明人不会和自己过不去！

阿德勒说："你的不幸，皆是自己'选择'的。"你气病了，是因为你选择了"要生气"。

《大军师司马懿之军师联盟》里面的司马懿，在平均寿命才三四十岁的时代，活到七十三岁的高龄，是当之无愧的赢家。他为什么赢？因为他选择了不生气！

曹操当上汉朝司空后，邀请司马懿做自己的幕僚。司马懿不想和曹操为伍，便假装自己生病腿脚不便。生性多疑的曹操使出阴招，派人探病时，用银针在司马懿腿脚上乱刺。换作别人，早就气急败坏，跳脚痛骂了，但司马懿选择了不生气，即使承受钻心刺痛，他也面不改色地咬牙隐忍。

诸葛亮北伐与司马懿对阵。司马懿知道自己没有胜算，便挂出免战牌,坚决不出兵。诸葛亮为了激怒司马懿,送他一身女装。在那个"视女人和小人为同类"的时代,这可是奇耻大辱。然而,司马懿不但不生气,还穿上女装念起诸葛亮的《出师表》,好好地嘲讽了诸葛亮一把。

因为选择不生气,司马懿骗过曹操,逃过一劫。先学不生气后学气死人,司马懿活过了远比他聪明又年轻的诸葛亮。

不生气,就赢了!赢在面对生气的人和事时,保持冷静和理性,从而保持身心健康。只有在身心健康的时候,才能做出正确的决策,以至更好地应对和解决问题。

在生活和工作中,我们经常会遇到各种糟心事情,情绪也很容易受到影响,最直接的表现就是生气。这时,不妨问自己几个问题并给出答案:

"那件事情真值得我生气吗?""不!我生气会得病的,没有比这更糟糕的了!所以不值得。"

"太生气了,我真的好想骂那个人啊!""骂他能解决问题吗?不能!生气能解决问题吗?不能!都不能,那还生气做什么!"

当你说出"不值得"和"算了"时,你就已经具备"泰山崩于前而色不变"的能力。有了这种能力,面对糟心事时,就能保持冷静、平和和理性,而不是抓狂生气。

成功学之父奥里森·马登说:"任何时候,一个人都不应该做自己情绪的奴隶,不应该使一切行动都受制于自己的情绪,而应该反过来控制情绪。"不生气的人,才是有大智慧、大格局的人,他不做情绪的奴隶,更不会把时间浪费在毫无意义且又毫不利己的情绪发泄上。

▶ 静心的智慧

"不生气"是一种大智慧,人人都需要,但并不是人人都具备。不过,可以通过后天修习来培养这种智慧:

(1)深呼吸和放松练习。当你意识到自己要生气时,尝试深呼吸几次,通过让身体松弛,来缓解失控的情绪。

(2)积极的自我对话。在面对挫败或冲突时,通过积极的自我对话,告诉自己保持平和。

(3)冷静思考和理智回应。在遇到令人生气的情况时,先停下来,冷静思考,分析情况,并做出理智的回应。

 人只有彻底了解自己，才有能力面对困境，培养自信。唯有自信，才能克服自卑。

——阿尔弗雷德·阿德勒

为情绪找一个好的出口

奥地利精神病学家阿尔弗雷德·阿德勒，是个体心理学的创始人，作为"心理学三大巨头之一"的他，尽享赞誉和荣光，但他的童年并不美好。

阿德勒儿时患有佝偻病，不得不被爸妈绑在椅子上，接受小伙伴们嫌弃的目光。上学后，他数学成绩不好，又被老师嫌弃。在满心自卑的阿德勒看来，这每一项都足以要他的命。

"这不是我的错！"阿德勒生气地想。

困在情绪深井中的他亟需发泄，否则自卑的怒火要将他烧死了。

在阿德勒上学的路上，有一片墓地。阿德勒害怕死亡，每次路过那里都战战兢兢，恐惧到无法呼吸。然而，他还是决定独自一人来来回回穿过墓地。多次之后，他战胜了恐惧，也有了自信。

后来，每当满心气愤想要发泄时，他都会来墓地跑步。伴随着跑步，自信从心底涌起，他的怒火也渐渐散去。

后来，阿德勒在他的书里写道："人只有彻底了解自己，才有能力面对困境，培养自信。唯有自信，才能克服自卑。"

每个人都有负面情绪，当这些情绪积累到一定程度，就会怒火攻心大爆发。一旦爆发，人们往往选择极端方式来发泄。比如，攻击他人、自残、破坏物品、沉溺毒品或酒精、暴饮暴食。有了互联网后，发泄的方式又增加了沉迷暴力游戏和沉溺电子设备等。

假如选择了其中的任何一种发泄方式，都不会有后来的阿德勒，好在他选择了去墓地跑步。

他为什么选择去墓地跑步，而不是以极端方式发泄怒火？

因为他对自己有彻底的了解，他知道，这样的发泄方式能够激发他的自信从而面对困境，让他有能力去克服怒气，同时也不会伤害到自己和他人。

发泄怒火很重要。如果不发泄出来，怒气会把身体憋坏。大禹治水，堵不如疏。与其让怒火将身体憋坏，还不如发泄出来，以减轻情绪负担。

不过，一定要记住，发泄方式比发泄本身更重要。

这天，外卖店老板小张接到一个差评。他联系上客户，提出私下友好协商，请他删掉差评。但客户却坚持保留差评，并将小张好一顿抱怨。

小张十分气愤，他冲着电话就是一顿输出："你这简直是无理取闹，再不删除，我就去你家找你。"

这话激怒了客户，当即开骂。小张怒气飙升，一边破口大骂，一边还真就找到客户家。他敲开客户的门，将客户暴揍一顿。客户住进了医院，他自己也因故意伤害被刑事拘留。

小张的极端发泄，并未能让客户删除差评，反而让他陷入更大的麻烦中去了。

被客户激怒，选择宣泄，这没有错。他错在用了"攻击他人"的极端方式。如果被客户激怒后，他向他人求助解决办法，抑或是冷静思考客户给差评的原因并加以改正，结果就应该不是这样。但他偏偏选择了去伤害他人，以触犯法律的行为来发泄情绪。

古语说："行其少顷之怒，而丧终身之躯。"为了发泄一时的怒火，而做出让自己悔恨终身的事情。得有多愚蠢，才能做出这样的事情来。

愤怒是短暂的疯狂，当时的你认为，以死相搏在所不惜，但等冷静下来后你会发现，这种想法多么幼稚可笑，多么不切实际，你会后悔自己选择这么极端的发泄方式。

当然，这不是劝你压制怒火。企图完全压制住愤怒，只不过是禁欲者的勇敢表现之一，我们有更好的办法。

有一次，李先生因急事开车出门，偏偏路上遇到交通堵塞，这让心急火燎的他愈发烦躁。就在这时，一辆车从侧面挤过来，试图插位。李先生更加气愤。

"来啊，一起死呀！"李先生嘟囔着，就要踩油门与之撞车。

好在这个念头迅速被他妻子觉察到，她连忙递给丈夫一个布偶，说："你就当它是那辆车的司机，打它一拳吧。"

李先生左右开弓，狠狠地揍了那布偶一顿，随着发泄，他的愤怒情绪也逐渐消散了。

冷静下来的他，非常后怕地对妻子说："幸亏你今天帮我选择了这样一种发泄方式，否则只怕要出人命了！"

无法想象，如果妻子没能及时制止，愤怒的李先生会疯狂成什么样子！只怕余生他都要为这几秒钟疯狂的愤怒忏悔了。

人有七情：喜、怒、哀、惧、爱、恶、欲。怒排第二。可见其普遍性和重要性。怒，不能被消除，但可以控制。荀子说："怒不过夺。"君子不会因生气而做出格的事情。

疏导是治理拥塞的根本，可以发泄，但要保持理智和克制，避免让自己后悔终身！

▶ 静心的智慧

有怒气要发泄，是因为遇到麻烦。但如果发泄方式不对，可能会让自己陷入更大的麻烦里，所以要选择正确的发泄方式。可以这样做：

（1）理性思考。在遇到问题时，首先要冷静下来思考，而不是立即采取行动。只有通过理性思考，才能更好地找到解决问题的方法。

（2）有效的情绪释放。感到愤怒时，可以尝试一些有效的方式来释放情绪，例如健身、写日记、听音乐等。这些活动可以帮助我们缓解紧张情绪，保持良好的心态。

（3）向他人倾诉。在满腔怒火时，向朋友、亲人或专业人士倾诉，他们可以帮助我们排解负面情绪、提供建议。

第二章

不抱怨的智慧：
接纳生命中的不完美

生命本就不是完美无缺，每个人都会遇到不如意，也会因此而抱怨，甚至觉得生活不公。然而，抱怨并不能改变现状，反而会让我们更焦虑。人生，不知足，会活得很累；生活，求完美，会活得很苦。如果接纳生命中的不完美，学会不抱怨，或许我们的生活更美好。

 怨天尤人、得过且过,只能让自己的生活愈加苦痛,唯有起身行动、改变,才有可能扭转不好的形势,每个人都有改变自己的潜能。

——阿尔弗雷德·阿德勒

你之所以爱抱怨,是因为不够强大

反省的人终成大事,抱怨的人一事无成!抱怨是本能,反省是本事。靠本能而活最容易,靠本事而活比较难。

大部分人都靠本能生活,遇到问题就抱怨,毕竟世界上最容易的事情便是指责他人。

高铁上,一名男子在打电话。他一会儿抱怨公司环境不好,领导有眼无珠;一会儿抱怨世道不公,让他怀才不遇;一会儿抱怨同事欺负他、朋友对不起他。车程60分钟,他抱怨了一个小时。

表面看,这个男子很可怜,永远被一摊烂事缠住。但事实上,他是一个靠本能而活的人,抱怨是他的日常。如果不让他抱怨,他甚至都不知道该怎么活下去。面对生活给出的挑战,他不是积极去寻找解决方案,更无勇气去改变现状,只能怨天尤人。

在心理学上,有一种受害者思维模式。有这种思维模式的人,对自己的处境极度不满,总认为自己无辜,是外界的人和事造成这种糟糕状态。

有受害者思维的人,整天只关注外部因素的影响,并抱怨不休,比如,高铁上那名永远在抱怨的男子。他们把自己放在受害者的位置上,满腹牢骚,怨气冲天。

但他们真的是受害者吗?当然不是。

他抱怨的真相,是因为他不够强大。倘若那名男子工作能力很强,在公司能够独当一面,领导只会出高薪挽留他,又怎么会有眼无珠?同事只会羡慕巴结他,又怎么敢欺负他?亲朋好友只会敬慕爱戴他,又怎么可能对不起他?

即使如他所说,他的领导、同事和朋友都不好,那他凭着自己的能力,也能跳槽或进入更高的圈子,又怎么会给别人来羞辱他的机会?

所以,归根结底一句话:他抱怨,其实是因为他不够强大。

阿德勒说:"怨天尤人、得过且过,只能让自己的生活愈加苦痛,唯有起身行动、改变,才有可能扭转不好的情势,每个人都有改变自己的潜能。"言下之意,抱怨什么都得不到,行动起来才能扭转局势。

美国前总统罗斯福,于39岁患上小儿麻痹症。该病导致他双腿瘫痪,只能坐在轮椅上活动。但他没有抱怨,反而开始筹划参加纽约州长竞选。

尽管无法站立,他依然每天忙于演讲。为了让他能够站着演讲,组织者为他准备了特别的讲台。

但罗斯福拒绝了,他说:"瘫痪的腿,无法阻挡我坐在轮椅上进行全国演讲。"

政敌们用残疾来攻击罗斯福。

罗斯福回答:"一个州长不一定是一个杂技演员。我们选他,并不是因为他能做前滚翻或后滚翻。他干的是脑力劳动,是想方设法为人民造福。"依靠这样的坚忍和乐观,罗斯福积极参选纽约州长,随后又参选美国总统。

在身体健康方面,比起竞选对手,罗斯福是弱者,但他没有怨天尤人,而是把时间和精力都用来积极参选。最终他胜出,成为美国首位连任四届、在任时间最长的总统。

也许你会说,我不是罗斯福,我有才,却没有那个命。当然,这世界上怀才不遇的人的确有,但真的很少,大多数都是普通人。然而,即使不强大,你也不能怨天尤人,得过且过,那只会让你跌进无助和沮丧的泥淖,一生都狼狈度过。我们要做的,就是停止抱怨,积极面对,才有可能扭转不好的情势。

爱抱怨是因为不够强大,强大的人则会积极面对生活,从中寻找机会,让自己变得更强大。

真正强大的人,是什么样的呢?他们不抱怨,不折腾,不消沉,而是努力提升自己,勇敢承担责任。

内地有一位演员,靠着精湛的演技折服了许多观众。除了演技之外,这位演员的情商之高也是令人赞叹的。有一次在采访中,他面对镜头平静地说:"以前在剧组里边,你能碰到各式各样的人,小心机啊。现在(有名气了),身边都是好人,每一张都是洋溢的笑脸。"这段话说明了一个很简单的道理:**当你强大时,整个世界似乎都会对你和颜悦色。而当你最弱的时候,世界上的坏人变多,也最容易受委屈,生活上四处碰壁。**

想要人前人后都被人尊敬,就要有足够的底气,你要强大了，才不会有人对你横眉冷对。只要你自信了，别人才会对你尊敬。你要相信，求人不如求己，你可以多帮助人，但尽量少有求于别人。

本领越多，越不需要求人。多一项技能，就少一些讽刺。万事求人难，不如自己圆。该走的路，脚踏实地地走；该做的事，认认真真地做。

对自己狠一点，比优秀的人更加努力。再过几年你就会感谢当年奋斗的你。只有自己足够强大了，你才不会被人践踏。社会很现实，能依靠的只有你自己。

▶ 静心的智慧

当我们意识到自己爱抱怨时，就需要采取措施来改变这一陋习。以下是几个改变抱怨的方法：

（1）转变思维方式。从受害者思维模式中跳出来，变被动为主动，尝试以积极的心态去面对生活中的不如意。

（2）认真分析问题。不要仅仅停留在抱怨的阶段，要深入地分析问题，找到解决问题的方法。

（3）将目光放远。不要仅仅关注自己的问题，也要尝试看到周围人的优点和优势，从而更加客观乐观地看待事情。

当我们开始去做自己力所能及的事时,世界或许不会因此而一定发生改变;可如果我们什么都不去做,事情只会朝更加糟糕的方向发展。

——阿尔弗雷德·阿德勒

乐观、乐观、乐观,重要的事说三遍

在一个海岛上,渔夫们在硕大的花岗石上题词,以纪念那些死在海上的人们。

一个悲观的游客读完那句题词,泪流满面,他为那些逝去的生命感到忧伤。另一个乐观的游客读那句题词时,却连声赞叹,他觉得,那些死者是征服海洋的英雄。

瞧!悲观的人,在苦难中看到阴影;乐观的人,在苦难中寻找光芒!

想象一下,当遇到一件不顺心的事情时,你会怎么做,是不停地抱怨,还是积极寻找应对之策?前者得到的,只是消极的情绪罢了,而后者则有机会解决问题。

这说明,面对困境和挑战,抱怨是下下策,上上策是乐观面对。

乐观的人，往往能够以积极的心态去面对困境，将其转化为机遇，从而渡过难关。

有这样一个小故事，乐观者和悲观者结伴横穿沙漠，三天后，最后一滴水被喝光。缺水和高温让他们嘴唇干裂，喉咙灼热，行动也变得缓慢无力。

悲观者悲呼："我快不行了！完了，我们一定会死在这里。"他嘶哑的声音，透露出他内心深处的无助和绝望。

乐观者微笑回答："别担心，再往前走几步，也许有希望呢。"

"我不走了！"悲观者呜咽，"你的乐观无法拯救我们，与其累得精疲力竭地渴死，还不如躺在这里渴死。"悲观者瘫在地上，不再挪动半步。

乐观者只好独自前行。

一小时后，他面前出现一片水草丛生的绿洲。然而，等乐观者带着水赶回悲观者身边，他已经奄奄一息。

最后的结果，想必大家也都知道了，乐观者成功地走出沙漠，而悲观者则永远留在了沙漠里。

同样面临"在沙漠中缺水"这个苦难，两个人却出现截然不同的两种结果，究其原因，乐观者没有放弃，他相信，只要再往前走几步，就会遇到救援或找到水源。这份乐观的态度让他保持着清醒和勇气，也让他最终找到转机。与此相反，悲观者的绝望和无助，让他失去了希望和勇气，最终也导致了他渴死在沙漠的悲惨命运。

人生充满了不确定性，未来会发生什么事情，我们无法预知，也无法完全掌控自己的命运，这就注定我们会遇到各种各样的苦难。

面对苦难，我们有两个选择：要么怀揣乐观寻找机遇，最终获得希望；要么用悲观的态度抱怨，最终失去希望。

阿德勒曾经说过，"当我们开始去做自己力所能及的事时，世界或许不会因此而一定发生改变；可如果我们什么都不去做，事情只会朝更加糟糕的方向发展。"这句话告诉我们，我们应该积极地去行动，去尝试，去做自己力所能及的事情。只有这样，我们才能在困境中找到转机。

国际公益组织"没有四肢的生命"的 CEO 尼克·胡哲，天生没有手和脚，是一名"海豹人"。在成长过程中，他的生活无法自理，经常遭受同龄人的嘲笑和排斥。

尼克没有绝望和悲观，他努力学习一切能学到的技能，用身躯驾驭冲浪板、用头颈操纵球杆、用嘴巴到处演讲等。他也因此成了全球知名的演讲家，还成立了"没有四肢的生命"国际公益组织。

阿德勒那句话仿佛是为尼克量身定做一般：遇到苦难时，不抱怨，不哀叹，乐观起来，做自己力所能及的事情。尼克的世界最终发生了改变。如果他不做任何改变，只是任凭自己被苦难淹没，最终他会越来越糟，直到抑郁而死。

尼克用自己的行动证明了一句真理：浓雾背后有清风，烈日下面有阴凉，苦难的背后，一定有转机。

转机是什么？是乐观者积极的态度！有了这份积极，他们就能看到问题背后的机会，而不是被问题所压倒。他们就能从失败中吸取教训，而不是被失败打垮。

罗曼·罗兰说："理解生活，而且还要热爱生活。"这就是乐观者。在他们眼中，苦难是机遇，是挑战，是成长的机会。

我们无法决定命运给出的挑战，但我们可以决定如何面对这些挑战。无论面对什么样的苦难，我们都要保持乐观的态度，提升自己的能力，挖掘自己的潜力，积极寻找解决问题的办法。

在困境中，乐观主义者看到机会；在机会中，悲观主义者看到困境。只有积极面对，方有可能把握机会，渡过难关！

▶ 静心的智慧

乐观的心态并不是与生俱来的，可以通过日常训练来培养它：

（1）培养积极的心态。乐观的人，会在任何情况下都寻找积极的一面，积极面对问题和困难。

（2）寻找解决问题的方法。遇到问题时，少抱怨，多思考。学会不断思考并找到解决问题的方法，而不是一味地抱怨和消极看待。

（3）学会感恩。尝试把焦点放在珍惜已有的东西上，感恩身边的人和事情，更容易拥有一个乐观向上的心态。

> 生命总是在努力地继续活下去，生命力从来不会放弃努力，直接屈服于外在的障碍。
>
> ——阿尔弗雷德·阿德勒

绝不抱怨，是人生不败的奥秘

孟子说："君子不怨天，不尤人。"同样是平淡生活，有德君子宛如生活在天堂，爱抱怨者犹如生活在地狱。

只要你在路上，随处都能听到如下抱怨：

你开汽车，能听到一位司机在车里嚷嚷着："这到底是怎么回事？为什么会这么堵？"

你坐地铁，能听到人群中的抱怨："我已经晚了，现在还要再晚半小时！"

你坐公交车，能听到一位乘客对着窗外的车流叹息："每天都这样，真是太烦人了。"

你骑自行车，能听到一位骑行者喊："这是什么鬼地方，为什么会有这么多车？"

你走路，那你可能会听到路边等待绿灯的行人的嘟囔："我本来半小时前就可以走到家里，但现在我还要等很久。"

看，抱怨无处不在。

但是，你也会发现，无论是开汽车、乘坐交通工具，还是骑车或走路，遇到拥堵，更多的人都选择耐心等待。

世事风云变幻，这是生而为人必须要面对的课题。在这样一个充满变数的世界里，会遇到各种挑战。有些人选择抱怨，有些人则选择积极面对。**结果往往是这样：选择抱怨的人，往往把日子过得一塌糊涂；而选择积极面对的人，可以把日子过得风生水起。**

有一对双胞胎兄弟，同时考进一所普通大学。

哥哥每天都在唉声叹气："我真倒霉，高考时没有发挥出我的实际水平，才进到这样一所糟糕的大学。"

弟弟则每天都奔走在教室和图书馆之间，他忙着努力学习，没有时间来抱怨。

四年后，哥哥因为挂科，连学位证都没有拿到，弟弟却考入哈佛大学硕博连读。

兄弟俩明明在同一条起跑线上，最后的结果却有着天壤之别。只因为哥哥选择了抱怨，而弟弟选择了积极面对。

可以想象兄弟俩未来的人生：哥哥继续在抱怨中往下坠落，直到陷入绝望的泥淖，再也爬不起来；弟弟也会遭遇各种问题和挑战，但他会用"积极面对"这个利器一一攻克，他的路会持续向上，且越走越宽，越走越顺。

阿德勒说："生命总是在努力地继续活下去，生命力从来不会放弃努力，直接屈服于外在的障碍。"当你抱怨，你就已经屈服于外在的障碍了！此时的你，还有什么生命力可言？

人生不败的奥秘之一，便是"从不抱怨"！

遇事就抱怨的人，通常会陷入消极的情绪和思维模式中，他们心情浮躁，花费大量的时间和精力去埋怨，去诉苦，能量被消耗殆尽，根本无暇寻找解决问题的方法。上一个问题还未解决，又因抱怨产生下一个问题，循环往复，他们的生活必然会变得更加不愉快和困难。

相比之下，**从不抱怨的人，心灵是宁静的，不会为眼前的困境乱了方寸，也不会为了一时的困难而沮丧，更不会浪费时间和精力抱怨，他们只专注于直面问题，解决问题。**这种积极的心态让他们更加坚强，更加自信，也更有动力去面对挑战。

比如，苹果手机的创始人史蒂夫·乔布斯。由他一手创办的苹果公司刚成立不久，他就因为一些内部问题被迫离开公司。但是，他没有抱怨，而是冷静思考，积极寻找出路。他想出寻求投资人帮助的办法，成功创办了皮克斯动画公司，以展示他无人能比的创新力和管理力。凭着这一点，最终他重返苹果公司，并创造了一个全新的手机时代。

乔布斯的经历，不但告诉我们直面问题积极寻找出路的人有多棒，也告诉我们，从不抱怨的人，除了有冷静和积极的心态，还更容易打造出优秀的人际关系网。因为他们不会为一些小事和别人产生矛盾，这让他们更容易获得他人的支持和帮助。

从不抱怨的人，具备卓越的适应能力。这种能力让他们迅速适应新的环境和变化，也让他们能更加灵活处理复杂的问题。香港实业家李嘉诚便是最好的例子。

20世纪80年代初期，香港房地产市场产生大幅波动，同时引发经济危机。身处风口浪尖的李嘉诚，没有抱怨，而是积极调整商业策略。他将重心转向了内地市场，投资了包括电力、电讯、港口等在内的一系列的产业。最终，他成为一名富有的商业大亨。

从不抱怨的人，具有高度的责任感。他们不会把自己的问题推到别人身上，而是尽力去解决问题，这种责任感让他们更专注于自己的事业，也更容易获得成功。

例如，吉利汽车公司的创始人李书福，在创办吉利汽车公司时，一度因为缺乏资金而陷入困境。但他没有抱怨，而是积极寻求解决方案。最终，他不但解决了资金链的问题，还成功将之发展成一家具有国际影响力的汽车制造商。

无论是乔布斯、李书福，还是李嘉诚，他们的人生之所以成功，是因为他们从不抱怨。他们把所有的精力用来提升能力和格局。这种提升，让他们对自己有一个清晰的定位，对周围的环境也有客观的认知。他们知道自己需要什么，也知道要做什么才能实现自己的目标。有了这两点，不可能不成功。

不抱怨是一种哲学，它能够保持我们头脑的清晰和情绪的稳定，让我们在问题中看到机会。抱怨则是一剂毒药，它会削减我们的热情，摧毁我们的意志。

选择抱怨，等于自寻死路。人生的路，是自己一步一步走出来的。走死路，还是走生路，没有人强迫你，全都是你自己说了算！

▶ 静心的智慧

想要让自己停止抱怨，变成一个冷静的人，不妨经常做如下训练：

（1）关注自己的思维方式。负能量的思维方式只会浪费精力，而正能量的思维方式则能帮助我们找到解决问题的办法。一旦发现思考方式过于负面，就要马上做出纠正。

（2）寻找成长的机会。遇到困难时，不要抱怨，而是学习脱离困境的方法，这样可以帮助我们成长。

（3）把焦点放在解决问题上。面对问题时，把焦点放在解决问题上。积极主动地解决问题，能够更好地帮助我们进步。

> 所有"我做不到"的说辞,其实只是"不想做"罢了。
>
> ——阿尔弗雷德·阿德勒

与其诅咒黑暗,不如点燃蜡烛

在心理学上,有一个"自证预言现象",是指"人会不自觉地按照已知的预言来行事,最终让预言真的发生"。也就是说,一个人相信什么,他未来的人生就会靠近什么。

一对母子,儿子沉迷游戏。母亲很是焦虑,斥责孩子说:"你这样子,肯定考不上大学。"

儿子一听不乐意了,"我妈都觉得我考不上大学,那我肯定做不到啊!努力有什么意义?就这样吧"。儿子萌生出这个抵触情绪后,更是理直气壮地赖在家里。他不去学校,在家里也不看书写作业,只是一头扎进游戏。

母亲叹气,一遍遍地重复:"你这样子,肯定考不上大学!"儿子听了这话,也对自己说"我做不到",于是他更加变本加厉地打游戏。

最后的结果,如母亲所料,儿子真没考上大学。

这个故事是"自证预言"的典型体现。焦虑的母亲,对儿子的未来充满了悲观情绪,直接导致她充满否定和打击性的话语。

这种负面情绪，让儿子也开始自我怀疑和自我否定，他不停对自己说"我做不到"，最终他果然没做到。

实际上，他是真的做不到吗？当然不是！

阿德勒说："所有'我做不到'的说辞，其实只是'不想做'罢了。"上面故事中的"儿子"刚开始不学习，不是他"做不到"，而是他潜意识里不想做。这时的他有些强词夺理，然而，妈妈反复对他进行预判，他便借机让自己理直气壮地说出"我做不到"这句话。

我们经常抱怨，有时不满自己，有时不满他人，无论抱怨谁，最后都有可能变成诅咒。就像那位妈妈一样，她不满于儿子玩游戏，抱怨他不上进，久而久之，抱怨便变成预判型诅咒，而儿子也被这份诅咒拖进黑暗情绪中。

每个人的生活中，都可能遇到这对母子同样的情况。比如，你可能过去有失败经历，或被他人负面评价过，导致你对自己缺乏信心，无论做什么，你都觉得自己做不到。要警惕，这时的你，已经被预判型诅咒缠上了。

预判型诅咒，可能是别人给你的，也可能是你自己给自己的。不过，这都不是重点。无论是谁给你的，你都要记住一句话：**与其诅咒黑暗，不如点燃蜡烛。**

抱怨他人，给他人施加"诅咒"要不得。因为，我们往往抱怨的是亲人或朋友，尤其是父母对子女，每当恨铁不成钢时，就会心生抱怨，会根据他的负面行为做出一些负面的预言。但这种预言往往带有很大的伤害力，会让被抱怨者沮丧，甚至破罐破摔。

与其诅咒他未来黑暗，何不现在就给他点燃一支蜡烛呢？多说鼓励和支持的话，让他们相信自己有潜力，也能力，一定能实现自己的人生目标。

要做到这一点，就要学会沟通技巧。注意自己的内心情绪，保持积极乐观的态度，让自己的言行和情绪对他人产生积极的影响。

给他人施加"诅咒"要不得，给自己施加"诅咒"就更不可取了。

一位女士生病了，辗转了多家医院都不见好转。这位女士开始沮丧，她不再积极地锻炼，也不好好吃药，每天都躺在床上哀叹："我快要死啦！这该死的命运，对我如此不公平！"她从哀叹转为诅咒黑暗的命运。长此以往，她的身体状况也越来越差。

就在女士给自己不断进行"自证预言"时，她的女儿却没有放弃。姑娘努力为她找寻出路，不但四处打听良医，还找来很多乐观向上的电影和书籍给母亲看，教她积极面对生活。

女儿的积极面对，就像一支燃烧的蜡烛，点亮那位女士漆黑人生的前方。女士也醒悟过来，她明白，诅咒和抱怨无济于事，并不能改变现状。于是她开始积极面对生活，循着光的方向往前走，她的身体也出现了好转的迹象。

女士是不幸的，自己给自己做了"快要死了"的自证预言。但她又是幸运的，她有一个"点燃蜡烛"的女儿，将她从黑暗中拉出来。

在这个纷繁复杂的世界里，每个人都有自己的困境，有的是内心的烦恼，有的是生活的压力。我们常常会感到孤独，像一只离群又迷失了方向的小鸟。但是，我们不能放弃，要坚定自己的信念，不断寻找出路。

与其诅咒黑暗,不如点燃蜡烛,迎接挑战!遇到问题时,少抱怨,少诅咒,把时间和精力,投入让自己变得更好的方案中,我们就一定会从困境中走出来。

▶ 静心的智慧

遇到问题时总爱抱怨的人,一定要学习以下几个方法,以纠正爱抱怨的习性:

(1)换位思考。在遇到问题时,不妨换一个角度去看,设身处地地站在对方的立场去思考问题,或是将自己置身于不同的情境,寻找新的可能性。

(2)接受失败。面对失败要接受它。当然,接受失败不是放弃,而是坦然面对,从中吸取教训。

(3)不放弃。无论遇到多少挫折和困难,都要坚持不放弃,相信自己有能力走出困境。

第三章

不焦虑的智慧：
最好的状态，是活出松弛感

————————

在当下快节奏的生活中，焦虑常常困扰着我们，它不仅影响我们的情绪，还会蔓延到我们的身体健康和工作效率上。当焦虑来袭，明明阳光明媚，我们的心却像飓风来袭的大海，不安如巨浪汹涌翻滚，一刻也不得安宁。我们需要一种智慧，来放下心中的负担，让焦虑随风飘散。没什么东西能真正平息我们内在的骚动，能带来平静淡定的，只有我们自己。别焦虑，放松心态，天，塌不下来！

> 过去发生的任何事对未来都没有绝对影响，关键在于你如何赋予你的经验以不同意义。
>
> ——阿尔弗雷德·阿德勒

总会过去，总会到来

有一个人，去南方旅游时，被蛇咬了。好在那蛇无毒，他并无大碍。然而，他却落下了病根，只要看到蛇和类似蛇形的绳索，都会惊恐发抖。即使距离蛇咬他已经过去了四五十年，他依然害怕。所谓一朝被蛇咬，十年怕井绳。过去发生的事情，对他的影响如此巨大，让他终身都不敢直视绳索。

很多人和他一样，曾经历过失败、挫折、失望和痛苦。这些经历让他们感到无助和沮丧，甚至让他们觉得自己永远无法再走出来。

事实真的是这样的吗？过去真的决定了未来吗？

阿德勒曾说："过去发生的任何事情，对未来都没有绝对影响，关键在于你如何赋予你的经验以不同意义。"所以，我们必须记住，过去并不能决定我们的未来。过去已去，未来会来。

无论我们经历过什么，都有机会重新开始。正如有句话说的："未来这种东西，信才有，做才有，熬才有。"

艾米和她的男友在一起三年，但最近他们分手了。艾米很伤心，她回忆起过去的美好时光，觉得自己再也找不到一个像前男友那样的人。她陷入焦虑中，无法面对未来。

艾米的好友莉莉发现她情绪低落，便邀请她一起去旅行。在旅行中，艾米遇到了一位男子，他很风趣，也很稳重。艾米和他聊天时发现，他们之间有很多共同语言，和他在一起，自己很快乐。回到家后，艾米和这个男子继续保持联系，他们很快陷入热恋中。

显然，过去失败的恋爱，并未影响到艾米未来的幸福。决定她未来幸福的，是她当下的认知。

过去决定不了未来，历史不是一条跨不过的河，它只是一幅画，就让它挂在墙上，而不是横亘在脚下，阻挡我们奔向未来。

拉丁美洲有一句谚语："应展望未来，莫流连过去。"这句谚语的意思是，我们应该将目光放在未来，不要沉迷于过去。过去的经历和教训，可以成为我们前进的动力，但过多地沉溺于过去，会将我们拘囿原地，无法前行。

然而，人们总是习惯于被过去困扰。

杰民是一名资深的销售经理，他在一家公司工作了十年。最近，由于公司业务不景气裁员，杰克失去了工作。他投了很多次简历，但都没有得到回应，这让他感到绝望。他开始一遍遍回想过去工作中犯下的错误，觉得自己能力不够，导致了今天的局面。他陷入了深深的焦虑中，无法面对未来。

杰民的好友见他在焦虑的旋涡打转，对他说："你过去的确有几次失误，但这不是影响你现在求职的根源，毕竟新公司对你的失误并不知情。你修改求职信试试。"

杰民听了，恍然大悟，他重新审视自己的简历和求职信，发现求职信太过平淡无奇，无法引起雇主的注意，难怪没有回应。

杰民重新修正了求职信，重点突出自己这十年工作的经验和成绩。几个月后，他得到了一份新工作，并且薪水比之前更高。

显然，决定未来的，不是过去，而是你的当下。

如果我们过去犯了错，我们要做的，是放下过去的错误和伤痛。我们必须相信，自己有超越失败和挫折的能力，也有创造一个更好未来的信心。

有了这份信心，我们的心，静如止水，过去的阴影不再存在，我们只看到未来的光芒，而不是来自过去的焦虑和沉沦。

最重要的是，我们必须行动起来，现在才是决定未来的唯一之路，与过去没有任何的关系！昨天的冰雹，也许砸到了昨天的你，但砸不到今天的你，更砸不到明天的你！

我们的未来，由我们自己来决定。就让过去的伤痛到此为止吧，只要你愿意，勇敢面对未来，明天的你，依然光芒万丈！

▶ **静心的智慧**

当你制定目标去创造一个更美好的未来，却又困扰于过去，而无法付诸行动时，需要一些策略来帮助你。下面是一些实用的策略，它们可以帮助你：

（1）接受过去。接受过去并不意味着我们必须忘记它。相反，我们应该从过去的失败中吸取教训，让它们成为我们成长和发展的动力。

（2）保持积极的态度。积极的态度是成功的关键。无论面对什么挑战,你都要相信自己能战胜它。相信自己,你就能够创造一个美好的未来。

(3)制定目标。明确自己想要的,然后制订一个具体的计划,一步一步地实现它。这不仅可以帮助你保持动力,还可以让你更加专注地追求自己的目标。

> 责备自己一无是处，只会跌落一望无际的深渊。有勇气认同现在的自己，才能成为生活的强者。
>
> ——阿尔弗雷德·阿德勒

随他去吧，一切都刚刚好

孩子高考前的摸底考试成绩，比平日成绩要低一些。孩子很焦虑，也有些茫然，他打电话给妈妈。

妈妈说："不要紧，我听其他家长说了，这次题难。"

孩子打断妈妈的话："我看到其他同学的分数了，以这个理由说不通。"

妈妈淡定地回答："过去的考试结果就随他去吧，一切都刚刚好，别纠结了。"

在妈妈的安抚下，孩子逐渐冷静下来，他开始专注于分析自己存在的问题，并不断地努力和调整学习方法。最终，他考上了自己理想的大学。

"随他去吧，一切都刚刚好"，这不是失败后的妥协，而是一种积极的心态。它告诉我们，不要过分焦虑，放下心中的负担，顺其自然地面对各种变化和挑战。只有保持平静，相信自己，才能在生活的起伏中稳步前行，迎接更加美好的未来。

没有一个人，一生都没有坎坷；没有一个人，一生都没有挫折。仔细看，那些经历了坎坷和挫折，却依然恬然从容的人，大都秉持着这个观点：随他吧，一切都是刚刚好！因为他们知道，这世上，没有十全十美，也没有尽善尽美。

宫崎骏说："遇见的都是天意，拥有的都是幸运。"那些难的易的，好的坏的，来的去的，都是一种经历。天意所在，得到就珍惜，失去不惋惜。随他去吧，一切都是刚刚好，只要尽力而为了，就问心无愧。

小明是一位年轻的创业者。有一次，公司面临严重的经济危机，资金链即将断裂，生产也受到影响。小明感到了前所未有的压力，焦虑得彻夜难眠。

他把这件事情告诉了一位身为大企业家的朋友。那位朋友没有正面回答他，而是对他说："你知道我为什么能把企业做这么大吗？因为我的座右铭就是'随他去吧，一切都是刚刚好'。"小明如醍醐灌顶，他安住焦虑的心，冷静地分析公司的状况，很快，他便找到了解决问题的方案，最终化解了危机，使公司重新回到了正轨。从此以后，小明也把"随他去吧，一切都是刚刚好"当成自己的信念。

在如今这快节奏、高压力的社会中，人们常常因为未来的不确定性、自身的不足和外界的压力而感到焦虑。持续的焦虑和不安，又只会让我们更加迷茫和无助。想要解决这些困难，就必须保持静心。"随他去吧，一切都是刚刚好"，背后的潜台词其实是：安静下来，最好的开始就是现在，当下就是最好的起点。无论过去经历了什么，都放下，当下是最好的起点，从这一刻起，风雨兼程，去为美好的明天奋斗。

或许过去自己犯了一些错误，导致失败。这种情况下，被自责懊悔包围的自己，很难洒脱地对自己说出"随他吧"的话。但很难，也得说。

阿德勒说："责备自己一无是处，只会跌落一望无际的深渊。有勇气认同现在的自己，才能成为生活的强者。"无论发生了什么，都已经是过去式，再去责备懊悔毫无意义。静下心来，认真审视当下的自己，存在哪些不足，有哪些优势，不断努力，就能化解焦虑，迎接新的挑战。

焦虑和担忧是人类的本能反应。我们都有过为未来担忧、为过去的错误懊悔、为错过的机会和失去的东西不安的经历。然而，如果我们一直处于焦虑和担忧中，我们就会失去对生活的掌控和对自己的信心。所以，我们要接受生活中的不可控因素，不要过分担忧未来的可能性。你要做的，就是信任你自己，你知道未来的你想要什么，你知道当下的你能做到什么。

一位年轻的母亲，因忙工作而疏于照顾孩子，导致孩子患上严重的抑郁症。母亲非常自责和无助，她认为，自己没有照顾好孩子，同时又无法让孩子康复，所以她承受着巨大的压力，每时每刻都在懊悔。

在懊悔之余，她放下其他事情，专注陪护孩子，给予他更多的呵护和爱。在母亲的精心照料下，经过一段时间治疗后，孩子的病情得到明显改善。

回忆当时的经历，这位母亲说："我一度感到焦虑和绝望，但后来我意识到，我必须接受这个事实，并努力为孩子争取更好的治疗。现在回头看，是孩子的病让我认识到自己之前的错误，但是我又不可能重返旧时光，回到他生病之前。我只能对过去说一句'随他去吧'，然后告诉自己，'一切都是刚刚好，只要开始就不晚'，我的未来要一个健康快乐的孩子，所以我要从现在开始陪伴他，爱他。"

随他去吧，一切都刚刚好。这也是告诉我们，要珍惜当下。当我们学会珍惜当下时，就会更加平和满足。

▶ 静心的智慧

在日常生活中，我们要怎样做，才能不焦虑，才能安住在当下，保持心头平和。以下有三个小技巧：

（1）意识到自己的焦虑，并接受它。不要试图否认或逃避它。

（2）做深呼吸和放松练习，比如瑜伽或冥想。这些练习有助于缓解焦虑和放松身心。

（3）给自己设定小目标，并逐步实现它们。这有助于提高自信和减轻焦虑。

> 没有一项生命的意义能够适用于所有人，生命的意义是每个人赋予自己的人生的。
>
> ——阿尔弗雷德·阿德勒

你不必时时刻刻都表现坚强

软件公司里，IT 工程师小李一脸疲惫，却还在加班加点地工作着。他的同事下班路过工位，关切地问道："你看上去好累，需要休息一下吗？"

小李摇了摇头，回答："没事，我还能坚持。"同事说："我们都知道你承受了很多的压力，如果你需要帮助或休息，我们都会全力支持你的。"

小李很感激，但他还是坚持说道："没事，我能行。"同事叹了口气，无奈地离开了。

"我也想下班，可是代码还没有写完。"他一边想着，一边焦虑地敲打着键盘。

直到深夜，小李终于完成了任务，他这才倒在椅子上舒了一口气。

小李知道自己需要休息，但他从小就常听妈妈说："生命的意义在于一直坚强。"所以，他不愿意向别人表露自己的脆弱。

为了这份坚强,他只好自己默默承受压力和以此衍生的焦虑。

如果小李看到阿德勒说的一句话,可能他的观念就会发生改变。阿德勒说:"没有一项生命的意义能够适用于所有人,生命的意义是每个人赋予自己的人生的。"

累了,倦了,可以休息一下,不必苦苦撑着。脆弱了、焦虑了,可以向他人寻求帮助和支持,不必时刻都坚强。遇到困难时,可以勇敢地表达自己的感受,不必所有的负担都放在自己肩上。生命是一场有去无回的旅行,我们要肩负责任,也有权感受美好和欢欣。

时刻都保持坚强的人,心里有"不完美"的伤。事实上,不完美是人生的常态。你不必总是强忍心中的不安。放下那些无谓的烦恼和担忧,让自己的心灵得到解放和轻松,不必因为它们而焦虑,更不必假装坚强。

著名影星奥黛丽·赫本,小时候很自卑,总觉得自己不够完美:个子太高,脚丫太大……但在芭蕾舞团的时候,她从来不告诉别人,在老师和同学们看来,她是那样地坚强,只有她自己知道,她有多么焦虑和不安。

后来,她学会接纳自己的不足,个子太高就只穿平底鞋,脚丫大也不大方示人。她不再假装坚强,而是坦然面对这一切。她变得更加从容和自信,也更得大众喜爱。

赫本卸下坚强的伪装,从不完美中汲取成长的力量,成为了一个举世闻名的影星和慈善家。她的经历告诉我们,你不必对自己的不完美耿耿于怀,接纳它才是正确的方式。

不完美并不意味着失败,相反,它是成长的机会,因为接受自己的平庸后,就会更热爱生活。所以说,当我们学会接纳自己的不足时,我们才真正开始成长。

还有一种坚强，是为了掩盖生活压力下的无助和不堪。这些压力，明明让自己的心灵充满负面情绪，可因为担心被人看轻嘲笑，于是不得不假装坚强。

教室里，小华专心地听着老师的讲解。尽管她一脸认真，可她的同桌却突然问："小华，你看上去好像有点不对劲，有什么事情吗？"

小华摇了摇头，微笑着回答："没事，我很好。"

同桌皱起眉，说道："小华，你不必时时刻刻都坚强。如果你有什么烦恼或困难，我们可以一起面对。"

小华坚持说道："没事。"但转过身去的她却暗暗抹起了眼泪。

放学后，小华一个人默默地走在回家的路上。想起正在闹离婚的父母，她又悲伤又无助，终于还是忍不住痛哭起来。就在这时，同桌追上来温柔地问道："小华，你有什么烦恼？可以和我说。"

同桌关切的话语，一瞬间击中小华的脆弱。她卸下坚强的伪装，向同桌倾诉了自己的困境。同桌给了她很多的安慰和支持，这让她感到很温暖。后来的日子里，尽管父母还是吵吵闹闹，但小华不再将压力积压在心里，人前强装坚强，人后默默哭泣。她学会了倾诉，整个身心从里到外都变得轻松。

生活是一条流淌的河，沿途总有曲折和坎坷。面对困境，不必时时刻刻都坚强，你可以向外求，向你信赖的人倾诉，这不是懦弱，而是疏通，别让自己的心成为装满负面情绪的堰塞湖。

你不必时时刻刻都表现得那么坚强，并不是要否定坚强。

杨绛先生说："有时候，我们不得不坚强，于是乎，在假装坚强中，就真的越来越坚强。"你明明需要一个温暖的怀抱，却找不到一个可以给你拥抱的人时，你必须坚强起来，才能度过黑暗的时光。

但是，即使只有你自己，也要记得给自己一个喘息的时间。一直假装坚强，会很累，尤其是你的能力不够支撑你的坚强时，这份疲倦足以让你焦虑到无法承受。所以，不要忘记给自己放松的时间，让自己休息一下，即使掉眼泪，也不是一件羞耻的事情。

你是可以哭泣的，哭完之后，你再说："没关系，没有什么可以打败我，我能行！"届时，你的心平静沉稳，你的腔调铿锵有力。这种坚强，才是真正的坚强！

▶ 静心的智慧

怎样才能正确面对压力和焦虑，让自己放松？可以参考以下几点建议：

（1）接纳自己的不完美。我们每个人都有不足和脆弱，我们要接受并欣赏自己的不完美，这样就能减少压力和焦虑。

（2）学会寻找新的方向和前进的动力。当生命中遇到挫折和失败，不能因此而气馁和放弃。相反，应该在失败和挫折中坚韧不拔，寻找新的方向和前进的动力。

（3）珍惜生命中的每一刻。生命是短暂而珍贵的，我们应该珍惜每一分每一秒，充实和美满地度过每一天。

> 正如你找不到两片完全相同的树叶一样,你也找不到两个完全相同的人。
>
> ——阿尔弗雷德·阿德勒

世界很喧嚣,做自己就好

每个人都是独一无二的。

阿德勒说:"正如你找不到两片完全相同的树叶一样,你也找不到两个完全相同的人。"每个人都有自己的特点和个性。因此,我们应该尊重自己的独特之处。世界很喧嚣,做自己就好。

但是,很多人做不到这一点,因为在追求自我实现的过程中,我们经常因为能力不够而焦虑。它让我们不安,让我们失去方向。所以,想要做好自己,先得学会不焦虑。

有一位小伙子非常喜欢音乐,但他的家人和音乐完全不挂钩,所以在他选大学专业时,让他选了常人都认为稳妥的师范大学。大学里,他又被调剂到护理专业。

虽然专业一换再换,但小伙子还是不开心,他太喜欢音乐了。为了做自己喜欢的事,他一边读护理课程,一边做校园歌手,在这过程中,他内心常有不安。毕业后,他去做了实习护理,不安也在每天繁琐忙碌的工作中被放大,他几乎失去方向和动力。

好在小伙子并未放弃音乐，他始终坚持自己的喜好，最终成了一名成功的歌手。他选择做自己的主人，走出了一条属于自己的路。

在做好自己的过程中，不要着急，静下心来问自己：我到底想要什么？我们应该尊重自己的内心，找到自己的梦想，然后循序渐进地向梦想奋进。

在追求自我的过程中，焦虑往往源于我们对未来的不确定性，我们会担心未来会不会如我们所愿。但是，焦虑并不能帮助我们解决问题，过度焦虑反而会让我们失去决策力和行动力。正确的做法是：控制自己的情绪，不要让焦虑影响自己的判断和决策。

美国作家海伦·凯勒，在两岁时因病失去了视力和听力。她的生活因盲聋障碍变得非常困难，这让看不到前途的海伦焦虑不安，她不知道自己的命运在谁手里，反正不会在她自己手里。

幸运的是，她的家人和老师一直在鼓励她学习和探索世界。最终，海伦·凯勒学会使用手语和盲文来交流，也成了一名优秀的作家和演说家。她的故事鼓舞着无数盲人和残障人士，也让更多的人意识到：身体残障不可怕，照样可以做自己的主人！

海伦·凯勒的故事告诉我们，身体残障并不是追求自我的障碍，我们可以通过自己的努力，成为命运的主宰者，实现自己的梦想。

有时候，无法实现自我的焦虑，也常常源于我们过度关注自己的不足和缺陷，而忽视了自己的优点和长处。这会让我们感到自卑和无助，这又会加剧焦虑，形成恶性循环。因此，我们应该正视自己的弱点，同时发挥自己的优点。让自己不断进步和成长。

无论面临什么困难和挑战,只要我们坚持不懈地发挥自己的优势,坚持不懈地学习和探索,就一定能够克服障碍,实现自我和梦想。

有一位年轻人,他想学画画,但他的父母希望他成为一名医生。

"医生这一职业,又体面,又稳定,而且越老越吃香。你最好选择它。"父母的声调虽然不高,但却不容辩驳。

这个年轻人从来没有忤逆过父母的话,但这次他犹豫了。思虑再三,他还是决定坚持自己的选择。顶着违背父母期望的压力,年轻人选择了自己的梦想,最终,他成为一名优秀的画家。

人生不论经历什么,都是一场自我救赎的过程,没有人能帮你度过你的一生。所以,你必须做自己的主人,没有退路可言。活出真我,需要勇气,它能帮我们抵抗外界的压力;更需要智慧,它能帮我们找到自己的梦想和目标。比如,小伙子的音乐梦,海伦的作家梦和年轻人的画家梦。他们的智慧,就是有自己的方向和目标,不受外界干扰,勇敢地走自己的路。

别人给你规划的路,或许平安,但却无法实现你的自我。

《西游记》中,孙悟空出去化斋时,给唐僧和师弟们画了一个圈。他这样做目的是确保他们的平安。然而,他不知道,如此一来,唐僧便不能完成渡劫,也无法获得成长。他们最后也不可能成佛。

盲目随从不可取,会成为别人的附庸;画地为牢也不可取,无法成为真正的自己。最好的便是静下心来,让自我意识早早觉醒,才能找准方向,走出一条属于自己的路。

▶ 静心的智慧

人生面临很多挑战，在这种让人焦虑的环境中，怎么做好自己？可从以下几点入手：

（1）确定自己的价值观和目标。价值观和目标可以帮助你更好地规划，从而做出更明智的决策。

（2）培养自信心。自信心可以让你更好地应对挑战和困难，同时也能让你更有勇气去实现自己的目标。

（3）学会自我管理。自我管理包括时间管理、情绪管理、压力管理等方面，这些都是成为管理自我的关键技能。

（4）不断学习和成长。保持学习的心态，可以让你不断提高自己的能力和素质，从而更好地应对挑战。

第四章

不浮躁的智慧：
静下来，你能拔山盖世

在这信息纷杂的时代，尘世喧嚣，人心浮躁。失去平衡和自我的人们，无法应对生活中的各种挑战。因此，我们需要让灵魂安静，才能淡然处世。只有静下来，我们才能更好地发掘自身的潜能，掌握生活的主动权。风静下来才能安眠树梢，水静下来才能映出云影，心静下来才能感知幸福。所以，不要浮躁，静下来，在人生的道路上，你就能拔山盖世。

> 一旦目标确定，个人便会调整其能力以达到这个目标。在任何情况下，整体目标的原型都会突破各种限制不断前进，找到表达个人赋予生活的意义和争取优越感，实现最终理想的最好方式。
> ——阿尔弗雷德·阿德勒

退就是进，慢就是快

有一对兄弟，同在市区工作，年迈的父母在乡下生活。

这天，兄弟两个接到电话："你们的父亲病危，速回。"兄弟二人各自开车携带妻儿便往家赶。出了市区，哥哥便以车速100往前冲，弟弟则以60的车速行驶。

哥哥电话催促弟弟："你这么慢可不行，该见不到父亲了。"

弟弟说："没办法，这路拐弯多。"

"那我先走了。"哥哥说着，一脚油门冲出去，很快就把弟弟甩在后面。

然而，等弟弟到家，却不见哥哥一家的踪影。打电话才知道，哥哥车速太快，在拐弯时冲出车道掉进下方山沟里。父亲临终时，弟弟守在身边，哥哥却因车祸受伤住进医院而无缘得见父亲最后一面。

哥哥一心要去见父亲最后一面，所以快马加鞭赶路，但他并未因"快"达到"见父亲最后一面"的目标。弟弟虽然慢，但他因"慢"，实现了"见父亲最后一面"的目标。倘若哥哥懂得"慢就是快"的道理，他也一定能见到父亲最后一面。

在很多时候，我们常常急于求成，想要一步登天，但是这往往会导致事倍功半。我们需要慢一点，才能取得更好的成果。就如弟弟的慢车速，尽管让他在路上如蜗牛爬行，但他最终平安到达父母家。而哥哥的快车速，让他在路上风驰电掣，但有什么用？他最终因翻车事故未能及时赶回父母家。

阿德勒曾说，"一旦目标确定，个人便会调整其能力以达到这个目标。在任何情况下，整体目标的原型都会突破各种限制不断前进，找到表达个人赋予生活的意义和争取优越感，实现最终理想的最好方式。"这句话告诉我们，当我们朝着确立的目标前进时，往往会遇到各种困难和阻碍，浮躁没有用，冒进也没有用，我们要学会"退就是进，慢就是快"，并用这一智慧指导我们的言行。

退就是进，能力弱一点容易沮丧，那我们就退一步，积蓄能量提升能力，再去冲锋；慢就是快，能力太强了容易冒进，那我们就慢下来，沿着正确的方向，稳稳地到达山顶。

退，有时候是进的必经之路。当我们遇到挫折和失败，需要退一步，重新审视，找到问题所在，才能更好地解决问题。

一位创业者开了一家餐厅，然而，生意一直不太好。他想了很多办法，比如，打广告、降价等，但都没有效果。后来，他决定退一步，停业两个月，重新设计和装修餐厅，换一种流行的风格，改善一下菜品质量。

再开张后，他发现，客人越来越多，生意逐渐变好了。这个故事说明，退一步，也许会让我们走得更远。

慢，有时候是快的捷径。当我们急于求成时，需要慢一点，踏实地做事，才能取得更好的成果。比如，一位年轻人想要学习一门新技能，他看了很多视频，读了很多书，但是学习效果并不好。后来，他决定慢一点，每天只学习一点，但是每天都要坚持。结果他发现，自己的学习效果越来越好，学得也越来越快。慢一点，踏实一点，才能更好地掌握知识和技能。

一位老师教书育人多年，他发现，现在的学生很浮躁，很多人只想要一夜暴富，不愿意踏踏实实地学习。但是，万丈高楼从地起，不踏实学习，又怎么能有实力呢？即使真的天降财神，没有实力也守不住那份财。

今天播下一粒种子，明天就想让它开花结果。这不现实。拔苗助长，反而死得最早。生活中，此类事情比比皆是。

一家公司着急赶一批产品，让员工们加班加点。产品赶出来了，却被客户打了回来，原来追效率，就无法保证质量，产品漏洞百出，根本无法使用。公司所有成本都压在这批货上，产品被退回，公司一夜之间倒闭了！

古话说："欲速则不达！"盲目地追求效率，结果是基础不牢。基础不牢，注定大厦要倾倒。

只知道前进的人，是非常危险的，《周易》中说："知进退存亡而不失其正者，其唯圣人乎。"真正的智者懂得运用"退"的智慧。马斯克买进推特后，大刀阔斧裁减人员，随后又招兵买马。经过一系列操作，推特的市值下跌近70%。

即使马斯克这样的大企业家，有大把的经验，有丰厚的资产，只知道进，尚且不行，更何况一般人。

好在马斯克迅速认识到冒进的错误，他马上从管理位置上退下来，聘用了专业的职业经理人做推特的 CEO。

有首禅诗说："手把青秧插满田，低头便是水中天；身心清净方为道，退步原来是向前。"别浮躁，静下来。退一步，看清方向，做好准备，积蓄力量。慢一步，不求速成，稳扎稳打，才能有时间思考，享受生命的美好。

▶ 静心的智慧

很多人遇到事情就很激进，很浮躁，这样反而把事情搞砸。怎样做，才能让我们修得"退就是进，慢就是快"的智慧呢？

（1）冷静思考。当遇到困难或问题时，不要急于行动，而是先冷静下来，思考问题的根源和可能的解决方案。

（2）慢慢来。有时候，我们会想要尽快解决问题，但过于急躁可能会导致更多的错误和问题。因此，我们应该学会慢慢来，不要急于求成，逐步解决问题。

（3）耐心等待。有些事情是需要时间来解决的，我们需要耐心等待，并相信最终会有好的结果。

> 因为心灵能够指导肉体的运动方向,所以心灵处于生活中的主导地位。
>
> ——阿尔弗雷德·阿德勒

把你架在火上烤的不是别人

《三国演义》中的孙权,杀关羽后,写了一封信给曹操,希望他能登基做皇帝,自己愿意称臣,跟随他去剿灭刘备。曹操当场大笑,说:"孙权这是想把我架在火上烤呢。"

孙权的行为其实是出于自私和恐惧,他为了自己的利益,企图挑起战争,这样一来,他就能逃避刘备的报复,并且让天下人反对曹操。但他没有想到,曹操是一个有主见的人,他能够看清孙权的诡计,从而避免了自己被架在火上烤的危机。

然而,很多人没有曹操那样的智慧,他们在不知不觉中被架在火上烤,而且架他上火的人不是别人,往往是他自己。

在刘邦和项羽争夺天下的战争中,项羽是一个非常勇猛的将领,他率领军队屡战屡胜。但是,在攻占咸阳后,项羽变得非常浮躁,这种情绪影响了他的判断力和决策力。他疏远重要谋士,鸿门宴上放走刘邦等,最终导致了刘邦的崛起。

随着战争的推进,他的军队开始打败仗了。一次次被打败,项羽内心更加难以平静,前路茫茫,他犹如热锅上的蚂蚁,坐立不安。

后来，项羽的军队被刘邦击败，将士死伤无数，他自己也被迫退到乌江。项羽再也无法忍受这种煎熬，他拿起剑结束了自己的生命。

是刘邦将项羽架在失败的火上烤的吗？当然不是！是项羽自己。是内心的浮躁让项羽失去军心，做出错误决策，最终导致他失败和自杀。

当一个人取得一些成功时，有两种情况，容易把自己架在火上烤。

第一种，他会兴奋，这种兴奋可能会导致他变得浮躁。平时谨慎的他，此时会变得鲁莽，平日里不轻易去做的事情，此时会放开手脚去做。这就容易出错，让自己陷入困境。

第二种，他会狂妄自大，不顾一切地追求自己的利益和目标，无视他人的感受和需要。这会引起他人的嫉妒、仇恨，并给自己招来祸端。

成功者尚且如此，普通大众将自己架在火上烤的可能性就更多了。

工作压力过大、生活环境不稳定、人际关系紧张、经济困难、身体抱恙，对未来的担忧、焦虑和不确定性等问题，也会导致人变得浮躁，并将自己架在负面情绪的火上烤。

某天早晨，小明匆忙起床，洗漱完毕，便拿起手机出了门。可他很快就发现，手机没电了，而且还忘了带充电器。这时，他开始变得不安，要迟到了，手机还没电，自己在一瞬间对生活失去了所有的掌控。

小明决定先去买一个充电器，可是在路上他又发现自己的钱包不见了，他感到非常不安。

怕迟到，他只好放弃了去买充电器的计划，匆匆赶到公司，却发现自己已经迟到了，上司在等着对他做出处罚。

小明暗暗懊悔自己的浮躁，带来这一连串的不安和忐忑，他越想越懊悔，开始表现得急躁和不耐烦。最后，他和上司顶嘴吵起来，也因此被当场辞退。

当一个人面对不可控因素时，要保持冷静和理智，不要让浮躁情绪牵着鼻子走，不要让一时的冲动和急躁毁了自己的前程。

倘若小明在发现手机没电、忘带充电器时，就意识到，自己其实是太浮躁而出问题，他应该做的，是冷静下来，调整自己的情绪和心态，而不是一味地被浮躁左右决定，最后被架到懊恼的火上烤，他也不会被辞职，甚至都不会迟到。

一个人遇到困难和挑战，通常会去外部找原因。我们认为，这些困难和挑战，是外部因素造成的，从而心生不满，并因此引发诸多负面情绪。但实际上，把自己架在火上烤的，不是别人，而是自己的内心。

阿德勒曾说过："因为心灵能够指导肉体的运动方向，所以心灵处于生活中的主导地位。"这句话深刻地表达了人类内心对行为的主导作用。我们的内心是我们的主宰，它可以让我们变得勇敢，也可以让我们变得软弱无力。它可以让我们变得浮躁，也可以让我们变得平心静气。

有一次，阿萨要去参加一个非常重要的项目谈判。他本来很有信心，但是在谈判前一天晚上，他开始想太多，担心自己不能表现得很好。为了缓解不安，他开始翻看资料，这一翻看，他发现自己忘记了一些重要的信息。于是他开始四处搜索资料，但是越看越乱，越看越糟糕。他的心情变得浮躁，开始胡思乱想，也失去了一贯的冷静。

他不停地琢磨谈判的各种情况,这让自己越来越焦虑。当他到达谈判现场时,手在颤抖,口干舌燥,心里非常紧张。因为他的思维已经被自己的焦虑和浮躁所占据,最终这场谈判以失败告终。

把你架在火上烤的,不是别人,而是自己的内心。你的心被烤得焦黑,痛苦和烦恼交织在一起。但是,你需要静下心来,思考人生的意义和价值。你需要用智慧和勇气,去驱散恐惧,迎接未来的美好。

▶静心的智慧

当我们感到浮躁时,不要让情绪控制自己,可以采取一些积极的措施,让自己的情绪得到缓解:

(1)深呼吸。浮躁时,停下手中的事情,深呼吸几次,让大脑得到充足的氧气,从而平静下来。

(2)放松身体。可以通过伸展、按摩等方式放松身体,缓解身体的紧张和疲劳,从而减轻浮躁的情绪。

(3)找到问题的根源。浮躁的情绪往往源于生活和工作中的问题,找到问题根源,采取解决措施,从而减轻浮躁的情绪。

> 生活中处处都需要我们进行合作，我们也须凭直觉在努力中寻找出各种标示，从而帮助我们在一片乱麻的生活中确定正确的方向。
>
> ——阿尔弗雷德·阿德勒

车有车道，马有马道

倘若你看到《边城》，一定会记得翠翠爷爷说的那句话："车有车道，马有马道。"这句话的原意是说，个人追求爱情的方式不一样，各有各的方法，各有各的规矩，遵循各自的方式，才能得到自己想要的爱情。

事实上，生活中遵循这个哲理，也能得到自己所想要的生活。

阿德勒说："生活中处处都需要我们进行合作，我们也须凭直觉在努力中寻找出各种标示，从而帮助我们在一片乱麻的生活中确定正确的方向。"

人具有社会属性，注定人不能脱离群体而单独生活，这就意味着：合作，是我们人生中一条不可避免的道路。合作需要我们找到自己的位置，只有这样，我们才能更好地协同合作，达成更好的结果。这就像是"车有车道，马有马道"，只有找到适合自己的道路和方向，才能走得更加稳健。

有一个家境一般的小伙子，早在刚进入大学时，便梦想着做明星。他认为，高颜值是进娱乐圈的关键要素，便省吃俭用，从每个月有限的生活费中节省。他不专心上课，而是四处打听整形美容医院。大学四年，他的课程全部荒废，身体也被拖垮，即使这样，他还是一门心思想进入娱乐圈。

他拿着节省下来的几万块钱去整了容，以为凭此就能进入娱乐圈了。然而，娱乐圈里人才济济，每个人都有自己的专长。但他除了整容得到的精致容貌，其他一无所长，既没有文化，也没有演技，身体素质还很差，一阵风来仿佛就能把他吹倒。

在娱乐圈里跌跌撞撞了七八年，他依然只是一个可有可无的群演。而此时，他的同学早就在各自领域开创一片天地，有的做了部门经理，有的创业成为某一领域的行家。

这个小伙子明白，人是需要在群体中生活的，为了在他喜欢的道路上与人更好地合作，他也付出了努力，但却一败涂地。为什么？因为他不懂得"车有车道，马有马道"的道理，以为只凭着自己的努力，就能在喜欢的道路上走下去。

事实上，他符合了阿德勒说的"我们凭直觉寻找标示"这句话，然而，他忽略了阿德勒这句话中的一个关键词：标示。这些标示除了是我们的直觉，还有经验、学习和思考等。如果只是凭直觉，而没有深入的思考和努力，就不可能找到属于自己的方向。

车有车道，马有马道！你是车，你就走车道，走马道的话，会让你寸步难行；你是马，你就走马道，走车道的话，会被车流撞飞。每个人都有自己的位置，只有找准自己的位置，才能如鱼得水，过得风生水起。否则，就像车走马道或马走车道一样，寸步难行，甚至会受到伤害。

然而，生活中的困难和挑战，常常让我们浮躁，让我们无法静心判断自己属于哪个赛道。

20世纪90年代,股票刚刚兴起。有一名男子在这个赛道里摸爬滚打了几年后,积累了一些经验,并赚了一千多万的财富。

随后,风投市场兴起,浮躁的他也不评估风险,便一头扎进风投界。他选中了一家即将要上市的企业,将一千多万块钱全部投了进去。他只等着企业上市后分红。谁知,企业不但没能上市,最后还以破产告终。他的一千多万财富也都打了水漂。

这名男子在进入股市时,还知道谨慎研究,步步为营。然而,在挣到财富后,他变得自信满满,完全忽视了风险的存在。同时,他也忘记了"车有车道,马有马道"的规则,凭着股市行走的经验在风投市场行走,不就相当于马在车流中穿行吗!且没有风险意识,是注定了要被滚滚车流撞飞的。

在这个充满变化和不确定性的时代,我们需要凭借自己的直觉确定方向。然而,浮躁也是这个时代特有的产物,它容易让我们做出错误判断。

我们必须时刻保持警醒,时刻谨记风险存在的事实。这样才能让我们不断地积累经验和知识,更好地识别各种标示,最终帮助我们在一片乱麻的生活中确定正确的方向。

在辨别"车道"还是"马道"的过程中,光保持警觉还不够,我们还需要保持冷静,才能找对正确的方向。

有一位年轻人,因为心急赚更多的钱,就辞去了原本稳定的工作,想要自己创业。他在短时间内赚到了一些钱,但是由于缺乏管理能力,很快就陷入了困境。他尝试着不断去寻找新的商机,却越陷越深,最终破产倒闭,就连家里的房子和车子都抵押出去了。

他缺乏管理能力，说明他不适合自己带团队。也就是说，创业这条路并不适合他。如果他能冷静地看到这一点，也不至于落到一无所有的下场。

人们常说，人生的困难之处，在于面对失去。事实上，人生的困难之处还在于，活了一辈子，才知道应该怎样生活。换而言之，才知道自己到底是"马"还是"车"。

虽然说，"朝闻道，夕可死"，但这未免有些悲凉。倘若能在生命力正旺之际，清楚自己要走的路，知道自己应该怎样生活，岂不是畅快！

车有车道，马有马道，这是人生的真谛。只有在不断地前行中，找到自己的方向，才能走出一条属于自己的路。

▶ 静心的智慧

浮躁的心态常常让我们迷失方向，无法静心思考自己应该走哪条路。那么，怎样才能静心思考呢？可以采用以下方法：

（1）保持心态平和。静心思考的前提是保持心态平和。在处理问题时，不要过于激动或冲动，要保持冷静，不被情绪所左右。

（2）寻找安静的环境。寻找一个安静的环境，可以是公园、图书馆、咖啡厅等，让自己远离嘈杂的环境，有助于集中精力思考问题。

（3）放下杂念。在思考问题时，要尽可能地放下杂念，不要让自己的思维被其他事情所干扰，专注于当前的问题。

（4）多角度思考。看待问题时，不要仅仅从一个角度出发，要多角度思考，从不同的角度来看待问题，这有助于更好地理解问题本质。

> 如果仅靠本能来奋斗，就肯定要犯错误。
>
> ——阿尔弗雷德·阿德勒

有耐心的人才能得到他想要的

在心理学上，耐心通常被定义为一种心理状态，即在面对困难、挑战或不确定性时，能够保持冷静、沉着、坚定和持久的能力。耐心是一种积极的心理特质，它可以帮助人们戒掉浮躁。

一天，心高气傲、做事浮躁的年轻人梵高，来到著名画家塞尚的工作室，向他请教如何创作出优秀作品。塞尚告诉他："四个字：耐住性子。"

"耐住性子？就这么简单？"梵高难以置信地叫嚷着。

塞尚回答道："当然！静下来的人才能拔山盖世！"

将信将疑的梵高回到家后，他学着耐住性子，用充满灵性的笔触描绘内心的世界。梵高在这种状态下创作出来的画作，去世后获得世人的认可和赞誉。今天，梵高的作品成了世界名画，其中有一幅竟拍出八亿人民币的天价。

梵高也明白了塞尚说的那句话，耐住性子能让人保持内心的平静和冷静，当静到不被外界干扰所影响，再去感受自己的思绪，就能迸发创作灵感。

你静下来就能拔山盖世！意思是说，当一个人能够心无旁骛，沉淀思维，就能够创造奇迹，做出惊人的成就。

在这个所有人都在奋斗的时代，人们会遇到更多的困难和挑战，也就更需要耐心。阿德勒说："如果仅靠本能来奋斗，就肯定要犯错误。"但如果能够耐下性子，保持冷静和清醒的头脑，遇到问题时，就能够更好地找到突破口，制订解决方案，并克服重重困难，最终达到自己的目标。

小李是一位年轻的创业者，他有着很多的创意和想法，但在实践中，总是遇到各种困难和挑战，这让他很郁闷。

有一天，小李遇到了一位资深创业者。这位前辈有成功的经历，也有大把的经验。

小李向他虚心请教，怎样才能把自己的创意成功实施？前辈告诉小李："你的想法都很好，但是你缺乏市场洞察力，也没有充分利用现有的资源。如果你想成为一名成功的创业者，就要学会耐心观察局势，冷静地思考问题。"

前辈的话让小李醍醐灌顶，他静下心来，开始了解市场和客户的需求，寻找更多的合作伙伴和资源，并制订了更加详细和实际的计划。经过不懈的努力，小李的创业项目开始变得更加实际和可行，也得到更多人的认可和支持。最终，他的创意成功落地，变成众人都想抓住的商机，他也在行业中名声大噪。

前期的小李仅靠本能来创业，导致他不断失败。但当他耐心观察，静心思考，成功也就不期而至。由此可见，耐心不但可以让我们在困难面前保持冷静和坚韧，还能让我们看得更高更远。

曾国藩曾说："如果遇到困难的事，就要从耐心这个词开始努力。"这话一点不虚。你不笨，你只是需要耐心。耐心是智慧之母,如果一个人没有耐心,那他就不可能聪明,更不可能有智慧。

如果你细致观察,会发现,人有三心:耐心、静心和慧心。耐生静,静生慧。耐心能让我们保持内心平静,专注于当下。内心平静可以让我们思路更开阔,更好地思考问题,这便是智慧。

都说静心好,但人们并非天生就具备静心的能力,需要通过学习和实践,来培养和发展这种能力。耐住性子,便是培养静心能力的手段之一。

有一个性子浮躁的男孩,经常因为急于求成而把事情搞砸。他妈妈见此情景,并未责骂他,只是做了一件很平常的事情——带男孩去散步。

因为性子浮躁,男孩走路的步子也格外急促。妈妈指着路边一只在地上爬行的蚂蚁对儿子说:"我们来看看这只蚂蚁,它在走路的时候很耐心,不会着急。你能不能像它一样,慢慢走路,把注意力放在走路上,不要着急呢?"

男孩点了点头,放慢了脚步。但很快他就又加速起来。每当这时,妈妈就拉住他。后来,妈妈索性走在他的前面,男孩跟着妈妈的节奏慢慢地走起来。

半个月后,即使妈妈不在前面,男孩的步履也能慢下来了。妈妈问他:"你现在感觉怎么样?"男孩回答:"我感觉很好,心里很平静。"

妈妈使用散步的方法,培养出男孩的耐心。这份耐心让他成功地戒掉浮躁的习气,他以后将会有更多成功的可能性,因为有耐心的人可以创造出更多的机会。

有耐心,到底有多好呢?

有耐心的人,才能拥有真正的财富,因为他们不急于求成,不焦虑于得失，而是静心等待，耐心积累，在时间的洪流中，慢慢实现自己的梦想。

有耐心的人，才能看到生命的美好，他们不匆忙地走过人生的每个阶段，而是细心感受，耐心品味，在岁月的沉淀中，发现生命的真谛。

富兰克林说："有耐心的人，无往而不利。"只有有耐心的人，才能得到他想要的！

▶ 静心的智慧

足够的耐心成就平安喜乐的人生，那么，耐心的人都具备哪些特质呢？

（1）等待和延迟满足。有耐心的人，能够接受短期的不满足和延迟的满足，能够耐心等待事情的发展和结果的出现。

（2）自我控制和自我调节。有耐心的人，能够控制自己的情绪和行为，不被外界干扰和影响，保持内心的平静和坚定。

（3）坚持不懈和毅力。有耐心的人，能够坚持不懈地追求目标，不轻易放弃，不因挫折的打击而动摇。

> 这是我的世界，我必须要积极行动起来，不能观望退缩。
>
> ——阿尔弗雷德·阿德勒

别让明天的雨淋湿今天的你

阿德勒说，倘若一个人拥有美好的婚姻，有一份对社会有价值的工作，人际关系也很好，他就会觉得世界很美好。当他遇到前路上的困难和挫折时，他也能以平和的态度去面对，因为他会认为："这是我的世界，我必须要积极行动起来，不能观望退缩。"

然而，很多人并不一定同时拥有这些东西，因为人生是缺憾的代名词，无论是个人生活，还是社会环境，都有很多不尽如人意的地方，我们永远无法拥有完美的一切。有的人在面对前路的挫折和困难时，他无法做到平和，更多的是担心。

在河坝西侧十千米外的一个村子里，有一对夫妻。妻子是个一惊一乍的人，说什么事情都很夸张。

有一次，她说："我感觉自己好像不舒服，明天我就要病倒了。"

丈夫调侃她："瞧，病还在东边大堤上，你就已经准备迎接它了。"

听到丈夫的话，妻子很委屈。她觉得，自己也不愿意预测病情啊，因为从自己感觉要病倒那一刻起，她就已经在担惊受怕，焦虑不安了。

倘若她反思自己的表现，她会发现，自己的惊慌失措可能确实有些过分了。用明天可能来的病，吓唬今天健康的自己，等于用明天可能要下的雨淋湿今天的自己。

病明天会不会来，和雨明天会不会下，是同样的不确定，但提前的焦虑和惊恐，却是自己实实在在在承受的。这不是聪明人所为。

如果她不想被明天可能来也可能不来的病吓倒，那么她就必须试着控制自己的情绪，不再有一惊一乍的反应。

怎样控制自己的情绪？读诵熟记阿德勒那句话："这是我的世界，我必须要积极行动起来，不能退缩观望。"

这句话虽然简短，但却蕴含着深刻的哲理。生活中，我们不只是会遭遇当下的挫折，还有一些困难埋伏在前方的路上，就像景阳冈上的老虎，一直在前路上虎视眈眈，除非武松不通过景阳冈，否则他就无法绕开，老虎永远在前路上等着他。有些挫折和困难，也如这只老虎一般，除非我们马上停止往前，否则就绕不开。

但是，我们不能因此而裹足不前，更不能提前焦虑和惊恐，有智慧的人，是不会让明天的雨淋湿今天的自己的。

华为的创始人任正非，在美国开始刁难中国科技公司那一刻起，就已经预见到，华为前行的路将非常艰难。他知道，担心无益，不如行动，他提前布局，重金聘用高科技人才，并安排他们在美国可能会卡住的环节上下功夫。

后来，美国卡住芯片这个核心产品。大家都以为华为会被打倒，谁知，任正非的布局起效了，华为的高科技团队生产出麒麟系列芯片来。

任正非的做法告诉我们，即使前路上有障碍，也不要焦虑和担心，积极行动起来，积蓄力量才能克服困难，走出平坦大道。明知山有虎，偏向虎山行，凭的不只是胆量，更多的是未雨绸缪。

未雨绸缪不等于杞人忧天。人们总是轻易陷入对未知的焦虑，这是杞人忧天，不要因为未来的困难，而坐立不安，别让明天的雨，淋湿今天的你；别让未来的忧虑，吓倒当下的你。因为每一天都是一份礼物，我们应该珍惜它，好好利用它。

积极行动的第一条，就是学会控制自己的情绪，保持平和的态度。只有这样，我们才能更好地面对前方的挫折和困难。无法想象，华为被美国无端刁难那一刻，任正非只是一味地焦虑不安和惊慌失措，华为会是怎样的一种状态？

当然，不是每个人都是任正非，反而更多的人是河坝大堤十千米处的那位妻子。控制情绪，让自己保持平和的态度，不是一件容易的事情。不过，并非不能做到。正如阿德勒说的："这是我的世界，我必须要积极行动起来，不能退缩观望。"

不是所有的树都开花结果，所以不必担心未知的未来，别让明天的雨，淋湿今天的你，因为只有当我们充满勇气和信心，才能在世界上留下属于自己的痕迹，让我们珍惜每一天，创造属于自己的未来。

▶ 静心的智慧

不为明天而焦虑，就要保持平和的心态。但是面对未来可

能会发生的风险,怎样才能要保持平和镇定的心态呢?可以这样做:

(1)接受不确定性。未来是无法预测的,接受这一事实可以减少焦虑和压力。

(2)关注当下。专注于当下的任务和目标,不要过度关注未来的风险和不确定性。

(3)训练掌控力。制定明确的目标和计划,有计划地行动可以让人感觉更加有掌控力。

第五章

不偏执的智慧：
放下执念，自由自在

人生之所以慌乱不堪,根源在于得失心太重。王阳明说:"放下我执,方得自在。"世俗的忧虑烦恼,永无止境。我们所追求和想拥有的东西实在太多,名利、权力、感情,常常是欲罢不能、难以割舍,所以才越活越累。人活的是一种心情,唯有放下执念,想开、看淡,才能自由自在地享受生命的美好。

> 生活的乐趣,源自对未来的不确定性。
>
> ——阿尔弗雷德·阿德勒

不偏执,才能看到更多可能

阿德勒说:"生活的乐趣,源自对未来的不确定性。"

如果我们能够积极地面对未来的不确定性和挑战,对自己的未来充满信心和期待,就能够获得更多的乐趣。相反,如果我们偏执地认为,我们的未来会一成不变,就会失去意义。

有一个年轻的女孩,生活在家暴中,她的父亲经常威胁恐吓家人。长期生活在这种环境下,女孩对周围的一切都产生了恐惧和不信任,固执地认为所有人都会伤害她和她的母亲,且这种情况永远都不会改变。

久而久之,女孩性格变得偏执,难以接受新的信息和观点,她把自己封闭起来,不愿与任何人交流和沟通。

这种僵化的思维,让女孩难以与周围的人建立良好的关系。无论是老师,还是同学,她都拒绝与他们沟通,这给她的学习和生活造成很大的困扰。但她并没有意识到这是自己的思维方式出了问题,反而坚定地认为,自己的未来就是这样子了,看不到任何希望和乐趣。

思维僵化是一种病,它会让人们变得自以为是,不愿意接受其他观点,失去与人沟通的能力。只有打破这种僵化,摆脱偏执,这个女孩才能看到更多的可能。

幸运的是,她振作精神,寻求心理咨询。她得到了专业人士的帮助和支持。

接受心理治疗和训练的女孩,开始学习开放的思维方式,接受不同的观点和建议,尝试着与人建立良好的关系。最终,她摆脱偏执的影响,走上有更多可能的光明之路。

不偏执,方能开启新路,不受束缚,方能看到更多可能。放下成见,心怀善意,拥抱世界,迎接新的挑战。

在我们日常生活中,思维僵化导致性格偏执是一种很常见的现象。这是因为很多人在长期的生活和工作中,习惯了固定的思维方式和方法,难以适应新的情境和需求,导致思维僵化和性格偏执的倾向越来越明显。

一名企业家,年轻时创立了一家新兴的科技公司,因为他的创新思维,公司迅速发展壮大,成为了行业的领先者。

但随着时间的推移,这位企业家的思维变得僵化,人也因此偏执起来。思维僵化带来的偏执是一种病,它会使人失去创造力和创新精神。在企业家身上的体现便是:他只坚信自己的想法,其他人的意见都是多余的。在公司管理中,他总是坚持自己的观点,不愿意听取其他人的意见和建议。这直接导致公司出现危机。

客户开始流失,公司的市场份额逐渐被其他竞争者夺走。最终,这种偏执导致公司破产,企业家也失去了自己的事业。

类似这样的因思维僵化导致做事偏执,最终让公司没落的例子还有不少。

例如，世界上第一款手机制造者摩托罗拉公司，因决策者思维僵化，导致决策层偏执地认为，智能手机并不能横扫天下。等他们反应过来，苹果、华为等手机已经占据了市场，摩托罗拉就此没落。

传统相机的老大柯达公司，在消费者都已进入数码相机时代时，它还偏执地固守传统的胶片时代，导致决策出现严重的问题，最终不得不接受衰落至破产的命运。

偏执的人，我执之心非常重，做事固步自封，什么事都给自己下套。这样的人，个性强、固化、缺乏创新、不想尝试新事物、拒绝接受新观念、不愿改变。他们的性格决定了他们的生活出现许多烦恼，而这些烦恼，在一个思维扩散的人身上，往往就是风轻云淡，轻飘飘不值一提。

思维僵化的偏执，导致盲目自信，它让人们无法面对现实和真相，只能被自己的偏见束缚。而偏执又会导致人对自己的观点和方法过度自信，不愿意接受新的信息和观点，从而加剧思维僵化的程度。

我们要大声向偏执说"NO！"

寺庙的大和尚和小和尚下山，在河边遇到一个女子。河水湍急，女子过不去，急得直淌泪。大和尚见此情景，说："女施主，我可以背你过去。"女子又惊又喜，连声道谢。

在小和尚的瞠目结舌中，大和尚背起女子蹚水过河而去。

到了河对岸，大和尚放下女子，两人挥手告别。

师徒两个继续往前，小和尚一路上都支支吾吾。直到翻过一座山头，他才终于鼓足勇气问大和尚："师父，你不是说出家人不近女色吗？怎么你刚才还背她？"

大和尚说："我早在岸边就把她放下了。可是你却背着她翻了一个山头。"

偏执的人,看云就是云,不会去思考云背后的含义,其实它是水蒸气。他们只看到表面现象,而不会去深入探究事物的内在本质。他们像那个小和尚一样,陷入自己的固执和狭隘之中,无法理解和接受一些复杂的事物和情境。

唯有一念放下,方得万般自在。这一念,便是偏执。一旦放下,你就能看到更多的可能,因为你会更开放和包容,更容易接纳不同的观点和意见。所以,放下不是放弃,而是放下偏执,豁达生活。

▶ 静心的智慧

拒绝思维僵化带来的偏执,要怎么做呢?可以采用以下几种方法:

(1)多角度思考。不要只从一个角度看问题,要尝试从不同的角度、立场去思考问题,这样可以拓宽思路,避免陷入单一思维模式。

(2)接受新事物。要保持开放心态,接受新的思想、观点和文化,尝试去了解、学习和体验,这样可以打破旧有的思维模式,拓展认知边界。

(3)保持好奇心。对未知的事物保持好奇心,不要轻易下结论,尝试去探索、发现和掌握新的知识和技能,这样可以提高自己的认知水平和解决问题的能力。

> 正是对优越感的追求，我们才有了奋斗的动力。但是，只有那些在奋斗过程中能服务他人、贡献社会的人，才能真正地应付并主宰自己生活的问题。
>
> ——阿尔弗雷德·阿德勒

放下执念，打破"蛇吞象"的魔咒

一个女子携带女儿去往监狱，探视贪污罪坐牢的丈夫。

丈夫说："女儿下个月就要结婚了，可惜我不能参加了。"

女儿闻言痛哭起来，女子也红了眼眶，她恨恨地道："女儿已经被退婚了。男方家说了，不可能和一个犯法的人结为亲家。都怪你，总想着发邪财，走歪门邪道。你的执念害苦了孩子。"

丈夫听了，懊悔不已。他喃喃道："我只是想让孩子们做人上人，比别人更优越一点。"

有多大的能力做多大的事，一味想要发横财，人心不足蛇吞象，迟早会出问题。出了问题，懊悔有什么用？这个家庭已经名誉扫地了，孩子们的未来也被其父亲毁掉了。父亲对财富的执念，本以为是在给家人更优越的生活，然而，能力不足，走歪道，给家人留下的，就只是无尽的伤痛和无奈了。

阿德勒说："正是对优越感的追求，我们才有了奋斗的动力。"这种优越感，可能是比别人要多得多的财富，也可能是比别人要高很多的荣誉，还可能是一份比别人要体面的工作。但是，阿德勒在这句话后面还补充了一句："只有那些在奋斗过程中能服务他人、贡献社会的人，才能真正地应付并主宰自己生活的问题。"也就是说，奋斗的基础，一定是要建立在利他的基础上，才能得偿所愿。如果一心只想着利己，那么在追求优越感的过程中，就很容易超越红线，变成贪婪。

一个豪华的办公室里，富翁正坐在办公桌前，面前是一堆文件和电脑，对面坐着银行工作人员。

银行工作人员催促说："先生，您的企业贷款已经超过了您的还款能力，我们需要您尽快还款。"

富翁回答说："我知道，但我现在没有那么多资金，我需要更多的贷款来扩大业务。"

"但是您已经负债累累了，再贷款只会让您更加危险。"银行工作人员说，"先生，蛇吞象不可取。"

富翁："你别说这么多！我以我所有的财富起誓，对于风险，我可比你清楚多了！我还以我的财富起誓，我可以赚到更多的钱。我需要更多的贷款来实现我的梦想。"

最终，富翁没有听从银行工作人员的建议，继续贪心地扩大企业，并且借贷了大量的资金。但他没有考虑到市场的变化和风险，最终导致了破产。

当他一无所有时，才想起银行工作人员那句话，没有比"蛇吞象"更可怕的了。

"蛇吞象"，是指一个人或组织过于贪心，想要一口吞下比自己更大的目标，最终导致失败。这种心态往往源于"迫切追求成功"的执念。

春秋时期，晋国的执政大臣智伯，是一个野心勃勃的人，总想吞并其他国家。

他派兵前往韩国，给韩国两条路：要么割地，要么挨打。韩国惧怕，只好忍痛割地。

尝到甜头的智伯，又恐吓魏国，要么割地，要么挨打。魏国和韩国一样不想开战，只好也给了他一块土地。

连续两次得逞，智伯的胃口变得越来越大。这次，他把魔爪伸向了比其他两个国家都大很多的赵国。

谁知，兵强国富的赵王根本不吃这一套，他放出话：要打便打，想割地，没门！

智伯的贪欲没得到满足，怒不可遏，便率兵攻打赵国。谁知，赵国太强大了，他根本不是赵国的对手。但他并没有就此收手，还一心做吞掉赵国的春秋大梦。

赵王决心收拾他，于是游说魏国和韩国，请求联合攻打智伯。韩赵魏三国很快结成联盟，智伯打赵国都打不赢，更何况三个对手，他被打得节节败退，最后全盘失守，三个国家把他的土地都瓜分了。

人心不足蛇吞象，往往被贪欲所害，最终一无所有。

要打破"蛇吞象"的魔咒，首先要放下执念。

成功并不是一蹴而就的，需要时间和努力。如果过于追求快速成功或瞬间收获，就会陷入"蛇吞象"的陷阱。

20世纪70年代，美国的伯纳德·麦道夫，一心想要发大财，于是以"为客户转化价差套利"的策略，鼓动三万多人给他投资。但他并没有真正进行投资，而是把钱放进摩根大通的银行账户，用早期客户的资金来偿还新客户的资金，并为客户提供伪造的账单，账单中总计约500亿美元的"投资回报"纯属虚构。

麦道夫的父亲是一名水管工，他从小就渴望做人上人，也渴望财富。这一执念让麦道夫铤而走险，设置出这种典型的庞氏骗局。而他采取"蛇吞象"的方式，获得高达650亿美元大量财富，他也成为美国投资界的名人，在华尔街享誉盛名。

然而，陷阱总归是陷阱，为了自己的执念，而引诱和欺骗他人，最终的结局只有一个：给他人造成损失，给自己带来恶果。

2008年，金融危机爆发，客户纷纷申请赎回，麦道夫无法继续支付回报，骗局最终被揭穿。麦道夫被判处150年监禁，他的家族和公司也面临1500亿美元的巨额罚款和赔偿，他的两个儿子也先后去世。

麦道夫对财富的执念和对优越感的追求，不但让自己锒铛入狱，还葬送了子孙后代的性命和前程，真是让人唏嘘。

对优越感的追求没有错，错在贪心太重，错在执念太深。只有放下执念，才能打破蛇吞象的魔咒，避免自己摊上牢狱之祸，也避免家人遭受无妄之灾。

一念天堂，一念地狱，放下执念，别等到跌进无尽深渊，才想起要回头。

▶ 静心的智慧

每个人都渴望拥有很多。渴望太甚就变成执念，怎样才能避免因为强烈的执念而跌进蛇吞象的魔咒？可以从以下几点入手：

（1）控制欲望。学会控制自己的欲望，不要沉迷于追求能力范围以外的东西。

（2）培养正确的消费习惯。要学会节俭和理性消费，不要进行过度消费。

> 一切的失败者，如犯罪分子、酒鬼、精神病人、自杀者等，他们之所以失败，是因为他们对社会缺乏兴趣，且没有安全感和归属感。
>
> ——阿尔弗雷德·阿德勒

放自己一马，才知道生活有多精彩

我们常常听到一些成功人士说，他们成功的秘诀就是勇敢尝试，不怕失败。这似乎是一个很简单的道理，却不是每个人都能做到。

有极大一部分人，因自我意识过高、自尊心脆弱或社交技能欠缺，导致其在社交场合中感到不自在、紧张，或产生不安的情绪和行为反应，这便是害羞。在某些情况下，害羞的人，可能会因为过于担心自己的社交表现，而产生偏执的想法。例如，担心别人讨论自己的缺点或错误，或认为别人对自己的看法比实际情况更负面。

越担心，越不安，又怎么可能获得成功呢？

小伟在一家大型建筑公司已经工作三年了。他做事认真，肯动脑筋，深得领导青睐。一天，领导告诉他，决定提拔他做主管。这让小伟很高兴，但他很快就发起愁来。原来，主管要做业绩报告，需要经常上台讲话，但小伟是一个害羞的人，怕生人，上学时每次上讲台都面红耳赤，结结巴巴。一想到自己将来在台上的窘迫样子，他心里就发慌，为了避免出丑，他谢绝了领导的好意。

领导说："对于成年人来说，害羞并不是一种可爱的性格，它会让你失去很多机会。你要放自己一马。"

"放自己一马？"小伟有些愣住。

"是的，"领导说，"你之所以害羞，是因为面对陌生人时，你感到不安和恐惧，这种情绪让你失去自信。失去自信的你害怕失败，所以陷入逃避挑战的偏执中。这种逃避会让你安心，但也让你的生活变得平庸和无趣。不要偏执了，放自己一马，你要勇敢去尝试新的事物。当你勇敢地面对这些挑战，你的生活将会变得更加精彩。"

领导的谆谆教诲，让小伟豁然开朗。他马上做出改变，通过自我调节和积极的心理干预，来缓解害羞和偏执的情绪。三个月后，他自信地走上了主管的岗位。两年后，他成了公司的部门经理。

放自己一马，也就是放下思想包袱。人生中，总会有很多事情让我们感到不安，但我们不能看到前方有困难就逃走，这样的话，我们不敢尝试新鲜事物，就很难真正享受生命的美好。

害羞的人，容易陷入不自信的偏执，你要放自己一马；疑心重的人，容易陷入不信任的偏执，也要放自己一马。

33岁的陈先生，硕士毕业，担任企业高官职务，妥妥的人生赢家。然而，他有他的苦恼，原来他已经离婚三次。现在的他有一个相处半年的女朋友，两个人感情极好，但他发现自己再度陷入感情危机里。

那天，他发现女朋友的后背上有一道抓痕，于是和她吵了起来："你说，是不是别的男人给你抓的？"

"哪里有什么男的？这是我自己洗澡时抓伤的。"女朋友反复耐心解释。

"不可能，我怀疑这就是其他男人弄的，快告诉我他是谁？"陈先生并未因女朋友的反复解释而打消疑虑。女朋友气愤不过，怒提分手。

陈先生的疑心，让他陷入"不信任"的偏执中，最终激化矛盾，成为两个人分手的导火索。

偏执的人，往往对周围的人和事持有怀疑和不信任的态度，容易产生疑心和偏见。这时候，一定要放自己一马，别让疑心成为不信任的根源。

害羞导致的偏执也好，疑心导致的偏执也罢，其实追根究底，都是因为害怕失败。但是，要明白，世界是个万花筒，任何事情都有可能发生，每个人都可能会失败，所以有什么好怕的！何况，失败并不能阻挡你前进的脚步。相反，它会让你更加明确自己的目标和方向。

还有一种偏执，是对别人极尽宽容，对自己却要求严苛。这种偏执，比害羞和疑心引起的偏执还要可怕。

朋友把事情搞砸了，他会笑着说："没事，没事，别担心，我来补救。"

自己把事情搞砸了，他恨不得猛抽自己耳光，心里或许还会诅咒几句："你这个笨蛋，怎么这点事都做不好！"

今天同事的话是不是针对自己？明天领导是不是不满意？今

天那句话说得不够完美,明天那件事情做得不够细致……诸如此类的苛责,仿佛在心间栽种带毒刺的花朵,自以为很美,实际上却中毒颇深,隐隐发痛,哪里还有力气去看外面的世界。

倘若你要劝他对自己好一点,他就会诚惶诚恐,喃喃说:"老祖宗说了,严以待己,宽以待人。"

老祖宗那句话,只是要你严格要求自己,可不是要你对自己过度苛责。过度的苛责,只会让自己越来越疲惫,最终影响到工作和生活的质量。

生命只有一次,放自己一马吧,善待自己,按自己喜欢的方式过好这一生!

▶ **静心的智慧**

观察一下自己的内心,有没有对自己近乎偏执的苛责,如果有,就要马上纠正。可以这样做:

(1)正视苛责和偏执。意识到自己存在对自己苛责的行为,不要否认或避免。分析苛责的原因,可能是自己对自己的期望过高,或者是对自己的过失过于敏感。

(2)给自己肯定。找到自己的优点和长处,给自己一些肯定和鼓励。接受自己的不足和错误,不要过分自责或自责过度。

> 很显然，人是为了自欺而创造出某种幻想，从而产生了一种渴望的感觉或情绪。
>
> ——阿尔弗雷德·阿德勒

别让偏见成为枷锁，保持开放的心态

阿德勒说："很显然，人是为了自欺而创造出某种幻想，从而产生了一中渴望的感觉或情绪。"

阿德勒的这句话反映了人类普遍存在的一种心理倾向，即为了满足自己的需要和欲望，而对现实进行一定程度的扭曲和改造，创造出一种更符合自己内心渴求的幻想世界。

这种幻想世界，通常是建立在个人的价值观、信仰体系、文化背景等因素的基础上，因此具有一定的主观性和偏见性。例如，一个人可能因为自己的性别、种族、国籍等身份特征，而对某些事物或群体产生偏见，从而引发一些负面的情绪和行为。

公司里，针对某部门一位女员工的晋升，老板听取一个部门经理的意见。部门经理张口就说："她是一个女的，肯定不行。"

老板闻言，面露不悦，说："难怪你们部门一直阴衰阳盛。

我觉得，性别不影响一个人的能力。"

部门经理一脸惊诧地看着老板，随机尴尬地笑："您说得对，我的确是偏见了。"

部门经理不但当即就反省了自己的问题，还马上做出改变。他开始重视女同事们的工作表现，而不是以性别轻易判断她们的能力。因为他更加平等地对待每一个人，他的部门不再都是男性为主，工作效率也有所提高。

因为对女性群体的偏见，部门经理认为，女同事们再优秀也是白搭，他生活在自己主观创造出一个只有男性强大的幻想世界里，直到老板的批评如金箍棒敲碎这个世界。只有当他卸下偏见的枷锁，才看到，性别不是衡量一个人能力的标准。这时候的他，才能用开放的心态做到真正的平等和公正。

偏见是人类在日常生活中不可避免的现象，它来自我们的文化、传统、教育、经验或个人信仰，且人人都有。所以，人们创造出"爱屋及乌""以貌取人""捕风捉影""断章取义""囫囵吞枣""自以为是""杯弓蛇影"等词汇。

这里，除了爱屋及乌让人愉悦，其他词汇给人感觉并不好。这是因为，如果让偏见成为我们思考和行动的基础，它会成为枷锁，限制我们对世界的理解和认知。

有一个小男孩，他的父亲是个酒鬼。亲朋好友都对他持有偏见，认为他们是个不堪的家庭，他们的孩子也注定会走上不归路，因此，在小男孩成长的路上，没少受他们的白眼。然而，这个小男孩却十分聪明，人也勤奋，他凭着努力考上了一所名牌大学，最终成为一名成功的科学家。

由此可见，偏见是不公正的，它会阻碍我们看到事物的真相，并影响我们的判断力。如果抱有偏见，我们就会对他人产生刻板印象和歧视，就像小男孩家的亲朋好友一样。为了避免这个问题出现，我们应该尽力摆脱偏见，学会从多个角度去看待问题，以便更加全面地了解事物的本质。

偏见不仅会影响到自己的思考和行为，对他人造成不良的影响，甚至也会危及自己的生命。偏见害己最广为人知的便是蔡桓公。

众所周知，扁鹊见了蔡桓公四次。

第一次，扁鹊对蔡桓公说："您的肌肤纹理间有些小病，不医治恐怕会加重。"蔡桓公说："我没有病。"扁鹊离开后，蔡桓公说："医生习惯给没病的人治'病'，以此来显示自己的本领。"

第二次，扁鹊对蔡桓公说："您的病在肌肉里，不及时医治将很严重。"蔡桓公不理睬。扁鹊离开后，蔡桓公很不高兴。

第三次，扁鹊焦急地对蔡桓公说："您的病进到肠胃里啦，再不治疗的话，就太危险了！"蔡桓公开始厌恶他，只是忍住脾气没有治他的罪。

扁鹊第四次拜见蔡桓公，远远地看见桓侯，掉头就跑。蔡桓公很奇怪，因为烦他总说自己生病，也就没有派人去追他。过了几天，蔡桓公身体疼痛，派人寻找扁鹊，扁鹊已经逃到秦国了，蔡桓公就这样病死了。

明眼人都看得出来，蔡桓公并非死在疾病上，而是死在他的偏见上。倘若他对扁鹊没有偏见，第一次就接受扁鹊的治疗，他又怎么会死掉呢？

为了避免偏见成为枷锁，我们需要保持开放的心态。这意味着我们要尝试接受新的经验和观点，而不是固执己见。我们需要愿意听取不同的声音，允许自己受到挑战和批评，以便更好地理解和评估自己的观点。而不是被自己的主观判断误导，将现实扭曲，最终导致不可逆转的恶果。

偏见是人人都有的习性，只是聪明人正视偏见，并克服它；愚蠢的人被偏见操纵，成为偏见的奴隶。

▶ **静心的智慧**

偏见是一种不良习惯。它指的是对某种人、事、物或观点等形成的一种主观偏执的观念，不受客观事实的影响，容易导致错误的判断和偏颇的看法。我们应该努力克服偏见，才能更加客观、理性地看待周围的世界。怎样克服偏见呢？以下是一些方法：

（1）接受多元文化。深入了解不同种族、文化、性别、宗教、性取向等人群，可以消除对他们的偏见。

（2）打破旧有的思维模式。尝试着从不同的角度去看待同一个问题，避免过度依赖先入为主的经验和知识。

（3）保持开放的心态。不要轻易地否定和拒绝不同的观点和意见，学会倾听、理解和尊重他人的想法。

（4）了解客观事实。尽量通过相关文献、研究和专业知识等途径，了解事实真相，减少对事实的歪曲和误解。

第六章

不怨恨的智慧：
怨恨是一堵墙，阻挡前行的路

生命中，来去都是缘，聚散有定数。无论是谁，来到你的生命里，都有他的使命。人生长的也不过三万六千天，相伴一生也好，相随一程也罢，都是组成你生命的一部分。留下的人，别怠慢，怀揣感恩好好珍惜；离开的人，真诚祝福，微笑着挥手作别。别让怨恨成为一堵墙，阻挡你前行的路。

> 如果我们观察生长在山谷中的松树，我们会注意到，它的生长方式与山顶的松树不同。它们是同一种树，但有两种截然不同的生长方式。

——阿尔弗雷德·阿德勒

学会宽容，别让仇恨蒙住了双眼

有一对兄弟，父母在一次车祸中双双遇难，从此，哥哥跟随外公外婆生活，弟弟跟随爷爷奶奶生活。多年后，兄弟长大成人，哥哥宽容仁厚，弟弟却狭隘刻薄，尤喜怨天尤人。参加工作后，哥哥自然是一帆风顺，颇受人尊重。弟弟却屡屡受挫，总遇到困难。

哥哥劝弟弟心胸开阔一些，别那么多怨气。弟弟咆哮怒吼："说得轻巧！你从小到大都在挨骂中度过试试。"

原来，当初父母是去给弟弟买零食的路上出的车祸，爷爷奶奶一直耿耿于怀，认为如果不是因为他，就不会有那场车祸，为此弟弟每天都挨骂。在这种环境中长大的弟弟，被怨恨和自责牢牢缚住，心胸变得狭隘刻薄。

阿德勒说："如果我们观察生长在山谷中的松树，我们会注意到，它的生长方式与山顶的松树不同，哪怕它们是同一种树，但有两种截然不同的生长方式。"

山谷中的松树因为受到山脉的遮挡,阳光和空气流通受到限制,所以它们的生长方式变得更为扭曲和曲折,树干也比较细弱,不如山顶的松树那么挺拔壮观。但是,这些松树也有它们的价值和美丽。

弟弟就像山谷中的松树,被怨恨绑架,经历了许多苦难。想要实现他的价值,成为哥哥一样宽容仁厚的人,就需放下怨恨。

放下怨恨的唯一办法,就是宽容。

要知道,人生不可能一帆风顺,我们总会遇到各种各样的挫折和困难。这时候,我们往往会感到失落和沮丧,轻者怨恨命运,重者甚至怨恨起他人。然而,如果我们让这些负面情绪在心中生根发芽,最终只会让自己变得更痛苦。

学会宽容,是走出痛苦的一种方法。宽容并不等于放弃自己的正义和原则,而是在面对他人的错误时,不将怨恨的情绪深埋在心。怨恨只会让我们的心灵越来越受到困扰,最终会成为捆绑我们的枷锁。

《菜根谭》中说道:"我有功于人不可念,而过则不可不念;人有恩于我不可忘,而怨则不可不忘。"意思是说,不要把帮助别人的事情常挂在嘴边,但自己对他人犯的错误要记在心上;接受过别人的帮助要铭记在心,而别人对我们犯的错误要忘掉。也就是说,对于他人的错误,我们需要给予宽容。

宽容的人,懂得用心去理解他人,尽量从对方的角度去看待问题。

清朝官员张英是安徽桐城人。有一年,他家与邻居吴家同时起房造屋,为地皮发生了争执。因对方官职较低,于是张老夫人修书送到京城,要身为高官的张英出面干预。

谁知,张英却回信说:"千里家书只为墙,再让三尺又何妨?万里长城今犹在,不见当年秦始皇。"

张老夫人接到回信,明白了张英的意思,当即把墙主动后退三尺。邻居家见此情景,深感羞愧,也把自己家的墙往后退了三尺。于是,两家之间形成了六尺宽的巷子。这就是著名的"六尺巷"。

六尺巷的代名词,就是"宽容"。张英用祖传的几分宅基地,换来了流芳百世的美名。实在无法想象,如果张英没有退让三尺,张吴两家会不会世世代代结怨下去?

张英的"让他三尺又何妨"告诉我们,学会宽容,不仅可以减少矛盾和冲突,还能让我们变得更加从容和自在。因为宽容的人善于与他人沟通,他们不会轻易地陷入争执和冲突,而是能够以平和的态度去解决问题。

当然,学会宽容并不是一件容易的事情。在面对他人的不公和伤害时,我们往往会感到愤怒和委屈,情绪难以平复。

有一位学生,在一场考试中得了全班第一。这本是一件高兴的事情,但是他的同学议论纷纷:"瞧,这个家伙平日那么差,一定是作弊了。""反常必有妖!他一定是通过不正当的手段得到高分的。"

同学们因嫉妒而口出恶言,让这位学生非常生气和委屈,他觉得,自己的努力和才华并没有得到应有的认可和尊重。

不过,这位同学并未因此背上怨恨的枷锁,他首先尝试着站在同学们的角度,去理解他们的心态,明白了他们之所以这样说,是因为,他们不能拿到第一所产生的失落,从而产生嫉妒和攻击的情绪。弄明白这一点后,他原谅了他们,并用真诚去和同学们沟通,让大家在了解他的同时,看到他的真实性格和优良品格。久而久之，同学们都和他成了朋友，也没有人误会他了。

这位学生的宽容和理解，并不是因为他没有感受到不公和伤害，而是他选择了一种更加成熟和积极的处理方式，让他人感受到真诚，他自然也就得到了尊重。

著名的法国文学大师雨果说过："世界上最宽阔的是海洋，比海洋宽阔的是天空，比天空宽阔的是人的胸怀。"宽厚待人是一种格局，忘记仇恨是一种洒脱。

滚滚红尘，生活已属不易，不管什么事情都要斤斤计较，那岂不是要累死？！该宽容就宽容，该遗忘就遗忘，何必耿耿于怀，自寻烦恼呢？

海纳百川，有容乃大！ 受到诋毁和不公时，像海一样博大的心胸，自然不会被它掀起惊涛骇浪，但如果心胸如针眼大，怨恨就会化为枷锁，让你无法挣脱。心胸博大的人，都宽容，所以，要学会宽容。

宽容能让你变得更加坚强和成熟，最终走出阴影，收获新的生命力和动力。宽容能让你在尊重他人的同时，也保护自己的尊严。

▶ **静心的智慧**

宽容是一种优秀的品质，它能让我们成为更优秀的人。但宽容不是天生就有的，想要拥有宽容的品质，需要我们不断去培养和锻炼，以下是一些方法和建议：

（1）了解自己的情绪。宽容需要从内心开始，需要我们了解自己的情绪和反应。当遇到不公和伤害时，我们会有什么感受？是愤怒、委屈还是无动于衷？了解自己的情绪可以让我们更好地控制和调整自己的反应。

（2）理解他人的立场。宽容需要理解、尊重他人的立场和情感。当与他人产生矛盾或者不同意见时，我们需要尝试换位思考，想象自己处于对方的立场和环境下，去理解他人的动机和需求。

（3）接纳不同的观点。当遇到与自己不同的观点或者文化习惯时，我们需要保持开放和包容的心态，尝试倾听和学习不同的声音。

（4）调节情绪和表达方式。当遇到挫折、不公时，我们需要冷静下来，寻找更加有效的解决方式。同时，我们需要注意自己的言行，尽量避免冲突和伤害他人。

> 我们对未来的兴趣大于对过去的兴趣。
>
> ——阿尔弗雷德·阿德勒

把遗憾当作成全，才能收获安然自得

人生，是一趟旅程。在这趟旅程中，我们会遇到各种各样的人，经历各种各样的事，有些是美好的，让我们感到温暖和快乐；有些则是艰难的，让我们感到挫败和痛苦；有些是圆满的，让我们感到欣慰和幸福；有些则是遗憾的，让我们感到惋惜和后悔。

有一位年轻人，从小就有一个成为职业画家的梦想。他有着非常出色的艺术天赋和创意，每天都花费大量的时间在绘画上。

但他的父母却不支持，他们担心他不能在这个领域找到一份稳定的工作，也担心他将来无法养家糊口。为了让父母安心，这位年轻人最终放弃了自己的梦想，选择了一个稳定的职业。

虽然并不热爱这份工作，但他仍然认真做事，努力提高自己的能力。不久，他的收入和地位就超出了父母的预期。他的父母自然是极高兴的，然而，他并不快乐。他的内心深处，始终有一种强烈的遗憾和失落感。

这位年轻人之所以一直遗憾，是因为，内心的自我一直在回望那个追逐梦想的自己，他渴望回到过去，却又不现实，所以他始终不可能实现自己的梦想。

然而，他却不知道，"我们对未来的兴趣大于对过去的兴趣"。阿德勒说的这句话，是人生正确的观点。如果对过去的兴趣大于对未来的兴趣，那生活就只剩下遗憾和无奈了。

我们会遗憾自己在人生中错过的每一个机会，但是唯一真正无法弥补的是，我们浪费了时间。好在这位年轻人也认识到这个道理，于是，他不再追求做画家，而是专注于自己的本职工作。

多年后，他成了一名成功人士，实现了财富自由，他终于可以重新拿起了画笔。同时，他也有大把时间去参加各种艺术活动，在这些活动中，他找到了内心的平衡和满足感，他的生活过得安然又自得，不再有遗憾。

回头看，正是因为当初他把对职业画家的遗憾，当成自己对职业的成全，才有了他后来的财富自由的成功。而这份成功又帮他收获了安然和自得。

人生，总有遗憾，在事业方面有，在爱情方面，自然也有。

有一对恋人，相爱很久，却迟迟得不到女孩父母的同意，因为男孩的家庭条件很差。

男孩十分难过，但是他并没有放弃。他要证明自己足够优秀，足够努力，让女孩的父母改变对他的看法。他开始自学各种技能，努力提高自己的能力，还经常参加一些志愿者活动，帮助需要帮助的人。

经过一年的努力，他的学习成绩提高了很多，技能也越来越多，还获得了一些奖项。但此时的女孩，已经在父母的安排下相亲成功，即将进入婚姻的殿堂。

听到这个消息，男孩连忙找到女孩，希望可以挽回他们的爱情。

谁知，女孩泪流满面，却不得不摇头拒绝了他："太晚了！我已经和他领了结婚证。"

男孩满心遗憾，他怎么甘心就这样放爱人走！他甚至想到和她殉情，以表他的真心。

好在，理智的他马上制止了这一荒谬的念头，他劝自己：总有一些东西要靠消失来证明它的珍贵。于是，他选择了放手成全。

分手后，他并没有自暴自弃，而是全力投入学习中，认真规划自己的事业和人生。他也变得越来越优秀，成为同龄人中的佼佼者。后来，他不但在工作中大放异彩，更是收获了一份真诚的爱情，并和爱人组成家庭，有了一对可爱的儿女。

倘若没有当初把遗憾当作成全，他又哪里能得到现今这安然又自得的幸福生活？

在感情上，我们总会有许多遗憾和不如意。有时候，我们会因为某些人或某些事，而感到失落、伤心甚至绝望，但是，如果我们把这些遗憾当作成全，结果自然就会大不一样。

不执着，不怨恨，这是在感情上最为重要的一点。我们不能执着于过去的感情，也不能因为他人的背叛或欺骗而怨恨他们。这只会让我们更加痛苦，更加难以释怀。相反，我们应该学会放下。当我们学会了放下，学会了接受，我们就能够真正地释怀，享受生命中的每一个美好瞬间。只有这样，我们才能够在感情的世界里，找到真正属于自己的幸福和安宁。

把遗憾当作成全，才能收获安然自得。这句话不仅适用于感情，也适用于生命中的种种。

小娜和小江，是大学同学，相爱五年，结婚七年。都说婚姻七年之痒，但这个魔咒在他们这里失了效。他们夫妻一如婚前那么恩爱，又都有着体面稳定的工作，倘若再有一个孩子，他们的生活就尽善尽美了。

遗憾的是，无论夫妻二人怎么努力，也去医院做了很多检查，吃了很多汤药，甚至还做了试管婴儿，能想的办法都想了，能试的方法都试了，小娜却一直没能怀孕。小娜很沮丧，压力也很大，情绪也低落。

小江却不执拗，他对妻子说："有孩子自然好，那是我们爱情的结晶。但是，没有孩子，我们的爱情就不完美了吗？就不存在了吗？你看那些有孩子的家庭，重心只在孩子身上，最后夫妻都演变成了家人，哪里还有爱情可言。而我们不一样，我们没有孩子来分散精力，只会更爱对方。"

小江愈发珍爱妻子，让小娜每天都感受着初恋般的美好和甜蜜。他们的感情愈发牢固，小娜也从沮丧中走出来，变得安然自得。

遗憾是生命中的一部分，它如影随形，我们不能回避。但若能把它当作成全，我们的人生会有不一样的体验。或许错过了某些机会，或许错失了某些美好，但这些遗憾也成就了我们，让我们更坚韧，更勇敢。

有些遗憾或许让我们永远难以释怀。但是，一定要记住，作为人，我们对未来的兴趣，是要大于对过去的兴趣的！这就意味着，一味地沉浸在遗憾和失落中，并没有什么用。因为我们乘坐的是滚滚向前、永不回头的单程票列车，没有岁月可回头，也没有机会重来。只有从中吸取教训，不断提升，成为更好的自己。

▶ 静心的智慧

人生总有遗憾，但我们不能因此消沉或者失去信心。我们要积极面对遗憾，只有积极起来，我们才能够从中找到启示，总结经验教训，为下一次不留遗憾做好准备。以下是一些积极面对遗憾的建议：

（1）接受遗憾。人生中总有些事情无法掌控，有些事情无法预料，遗憾也是在所难免的。接受遗憾是放下心中负担的第一步。

（2）不纠结于过去。过去的事情，已经无法改变，所以不要纠结于过去。你可以回顾一下过去的经历，总结经验教训，但不要让它成为你前行的负担。

（3）专注于未来。向未来看，把握当下，是克服遗憾的重要一步。你可以制定计划和目标，积极行动，不断进步，实现自己的梦想。

> 一个人的生活方式及其相应的情绪表达，会一直影响身体的发展。
>
> ——阿尔弗雷德·阿德勒

接受从来就比怨恨要好

阿德勒曾经讲起过他的一个病人。在家里排行老二，他的父亲和兄长以诚信为本，因此得到众人一致赞誉。老二从小就渴慕哥哥得到的一切，他也想众人这样赞美他，却一直未能如愿，他觉得不公平，因此产生怨恨心理。

有一次，老师布置作业，要求大家独立完成。他不会，只好请哥哥代写，然后告诉老师是自己写的。从那以后，他一直心存犯罪感，他觉得，自己没有资格怨恨了，家里所有人都有高贵的品格，而自己却撒谎，这让他陷入深深的自责。

久而久之，他出现严重的心理问题。有一次，他竟然裸体在大庭广众行走，因为他的身体比哥哥要健壮。家人不得不把他送进精神病院。

阿德勒为此总结说："一个人的生活方式及其相应的情绪表达，会一直影响身体的发展。"长期的压力，会导致身体各种系统的紊乱，包括免疫系统、心血管系统和消化系统等。因此，保持健康的生活方式和积极的情绪表达，对于身体健康非常重要。

人们应该尽可能地控制自己的负面情绪,以保持身心健康。老二倘若接受自己不如哥哥的事实,他就不会出现怨恨情绪,也就不会因为一次撒谎而陷入自责,被犯罪感深深掩埋,最终出现严重的心理疾患,并导致身体状况也出现异常。

人生中常常会遇到许多不如意,有人会选择怨恨,有人则会选择接受。然而,接受从来就比怨恨要好。

怨恨只会让我们沉浸在痛苦和伤害之中,无法向前迈进。当我们遭遇挫折和困难时,如果总是怨恨,那么我们就无法看到问题的本质,也无法寻找解决问题的方法,最终只会让自己越陷越深。相反,接受可以让我们更快适应变化和接受现实。

著名的物理学家斯蒂芬·霍金,在年轻时被诊断出患有肌萎缩侧索硬化症,这导致他无法行动和言语。

最初,霍金也曾怨恨过命运的不公。这时,他的脑海中有两个人在对话。

一个问:"为什么要我得这种病?"

另一个答:"宇宙并不关心你的病情,你只能学会接受并与之共存。"

一个说:"但这病会让我活得很痛苦。"

另一个回答:"痛苦是人类的一部分,只有通过痛苦才能感受到生命的意义。"

一个问:"我为什么要坚强地活下去?"

另一个回答:"因为你还有事情要完成,还有话要说。即使身体不再强壮,你的思想和灵魂依然充满力量。"

最终,霍金选择了接受。

放下怨恨的他,做科学研究,用智慧来激励和启发人们。他提出黑洞概念，为黑洞提供了量子力学的解释；他撰写科普作品，如《时间简史》等，向公众普及宇宙学、物理学、哲学等方面的知识，使人们对科学有更深的了解；他还在理论物理学的研究领域中做出了重要的贡献，如量子引力、广义相对论、宇宙学等方面的研究。

因为选择了接受，他成了一位灵魂不灭的传奇！假想一下，他生病之后，只是一心怨恨命运不公，从此他就一蹶不振，谁来写《时间简史》，谁来提出黑洞概念呢？

接受，从来就比怨恨要好！

当我们遭遇失败时，接受这个事实并思考失败的原因，有助于我们找到解决问题的方法，从而更好地完成下一次挑战。只有通过接受和理解，我们才能有勇气和力量去面对生活的挑战，才能走出困境，并不断地成长和进步。

同时，接受也可以让我们更加心平气和地面对许多事情。当我们不再怨恨时，我们的心态会变得更加平和，更加开放。这种心态有助于我们更加理性地思考问题，不会被情绪和想法左右，从而做出更加明智的决策。

有一个小伙子，和女朋友谈了三年恋爱。但因为异地恋、性格不合等诸多原因，女朋友提出了分手。小伙子拒绝接受这一事实，心里充满怨恨。

被怨恨冲昏头脑的他，上门打伤了女朋友一家四口。在打斗过程中，女朋友父亲奋力反抗，也刺伤了他，最终他因失血过多而死亡，他是独子，他的父母从此成了失独老人，此后一生都将在痛苦中度过。

这是一个典型的拒绝接受客观事实，由怨恨衍生出的惨剧。

其实，人活一生，值得爱的东西很多，何必要因为一个不满意，就用怨恨毁掉自己呢！

接受从来就比怨恨要好。人生路上多崎岖，挫折磨难常有余，面对不公和困境，是接受，还是怨恨？怨恨只会让自己更加痛苦，不会解决任何问题。它只是让你沉迷于过去的不幸和不满，并妨碍你向前迈进。学会宽恕和释放过去，才能真正地摆脱怨恨的束缚，让自己变得更加强大和自由。

众所周知，杨绛和钱锺书是一对完美的伴侣，有了女儿后，他们三口之家，更是把日子过得和和美美。然而，人生从来不是完美无缺的。在杨绛老年时期，遭遇到女儿去世的惨剧。后来，钱锺书先生又先她而去。直把杨绛一个人残忍地留在这人世间。

杨绛并未心生怨恨，她坦然接受这一切，并把他们一家三口的美好，写成一本书。她还说："幸亏他们先走，如果是我先走，留他们在这人世间，他们才痛苦呢。"

后来，杨绛活到 105 岁，称得上是高寿老人。为什么经历了这么多悲痛的她，还能如此高寿？因为苦难来袭时，她选择了接受，而不是怨恨。接受，让心境开阔，人生之路才能更明亮，更长远。

▶ 静心的智慧

产生怨恨情绪时，不能被这种情绪裹挟着发泄，要转化和消融它。可以采取以下几种方法：

（1）承认自己的情绪。首先要认识到自己正在经历怨恨情绪，并承认自己的情绪。

（2）找到情绪来源。了解情绪的来源，并分析这种情绪对自己和周围环境的影响。

（3）改变思维方式。尝试从不同的角度看待问题，采用积极的态度和思维方式来应对问题。

（4）寻求专业帮助。如情绪长时间不能缓解或影响正常生活，可以寻求专业帮助，如心理治疗等。

> 了解一个人，并不是一件容易的事情。
>
> ——阿尔弗雷德·阿德勒

柔和的舌头能折断骨头

我们不做怨恨他人的人，也不要做被怨恨的人。因为，了解一个人，并不是一件容易的事情。

一个 26 岁的男人，找到阿德勒，请他帮自己治病。

阿德勒问："你怎么了？"

男人回答："八年前，父亲安排我进经纪行业公司上班，但我根本不喜欢。为此，父亲经常斥责我。最近，我辞职了，这更惹火了父亲，他竟在客人面前扇了我一巴掌。我以前还想，辞职后进入广告行业，但是我现在发现，自己不喜欢任何工作，我经常失眠，甚至想要自杀。"

阿德勒问："为什么想要自杀？"

男人回答："我恨父亲，他一直以来对我尖刻地责骂，摧毁了我所有的自信，我要让他后悔。"

男人的父亲说什么也想不到，自己一次次恨铁不成钢的训斥，却成了压倒他儿子的无数棵稻草。

很多时候，我们只看到挥拳相向的暴力，却从未意识到，语

言也能像锤子一样砸死人。不只是拳头、铁棍能够打断人的骨头，柔软的舌头也能折断骨头。而这种伤害，往往容易出现在亲人之间，就像那个男子的父亲一样。

阿德勒说："了解一个人，并不是一件容易的事情。"哪怕对方是生活在同一个屋檐下的家人，甚至是一手孕育抚养大的子女，都做不到百分百的了解。

不了解，就没有绝对的话语权，说话就不能没有分寸。对陌生人如此，对亲人更应如此。就像上面那个26岁男人的父亲，自以为是自己生养的孩子，就可以要求他全部都听自己的，一旦不从，就打打骂骂，这样只会招来怨恨，给孩子带来无限的负面情绪。

事实上，他在打打骂骂的时候，又何尝不是带着怨恨的情绪呢？怨儿子不听话，恨儿子不争气，尽管这份"争气"是建立在他的主观意识基础上。有怨恨，就容易言行失控，口不择言。自以为发泄出来就好受了。却不知道，给别人造成多大的伤害。

有一个男子，从未动手打过妻子。但某一天，妻子向他提出离婚。他不解，问："我可从来没有欺负过你，为什么要离婚？"

妻子回答："你经常恶狠狠地说要害死我。你每说一次，我就崩溃一次。我很害怕，也不想等到被你害死的那一天。"

男子道："你太优秀了，处处比我强。我心生不甘，所以就想吓唬你，并不是真的要害死你啊！"

男子自以为自己什么都没有做，孰不知，柔软的舌头是能折断骨头的，他的嘴一张一合，吐出来的字，却像圈圈钢筋，将妻子死死勒住，窒息到无法呼吸。

妻子已经心如死灰，无论他说什么，都坚决要离婚。

在这个世界上，我们经常会遇到许多让我们疲惫的事情。比如说，我们在工作中遇到的困难，我们对生活的不满，或者是我们与家人之间的纷争。这时候，就需要沟通和交流。而说话的方式和态度很重要，有时候甚至比所说的内容更加重要。一个柔和、温馨的口吻和用语，可以打破难以逾越的障碍，而一句话说得过于尖刻、傲慢或具有攻击性，则会让人们产生抗拒，从而破坏有效的沟通和关系。

《圣经》中的箴言说："沉默的愚昧，比说话的愚昧更好，闭口不言是智慧。"这个箴言表明了沉默的重要性。愚昧的话不要说出口，无论你是否心怀怨恨，说出的话都应该是明智的、谨慎的。

人们经常因为内心的怨恨而言行失控，口不择言。这可能会导致与他人的关系破裂，造成伤害和不必要的争执。因此，当我们感到怨恨升起时，应该学会控制自己的情绪，尽量避免冲动之下恶言恶语，以免造成不必要的伤害。我们可以采取积极的方式来处理自己的情绪，例如，与亲友倾诉、进行运动或者寻求心理咨询等方法，来缓解内心的情绪。

柔软的舌头，会杀他人，也会弄伤自己。

一个男孩，很聪明，但性格暴戾，结交了一群小混混朋友后，愈发乖张，经常口出恶言。

有一天，他随那群狐朋狗友去山里旅游，被狐朋狗友玩弄，将他丢弃在山里。男孩迷路之际，来到一座寺庙。

山间小庙，只有一位僧人。

他说："和尚，告诉我，下山的路怎么走？"

僧人见他无礼，没有搭理他。

他张口就骂："你这个混蛋，听不到我在问你吗？真是欠揍啊！"

他一边骂骂咧咧,一边抡起拳头就动手要打那僧人。那僧人闪身躲过,他扑了个空,重重摔在地上,疼得他脸色苍白,连喊"哎呀"。

僧人这时才缓缓说道:"你想知道出山的路,可以。先回答我一个问题,回答对,我就送你出山。如果回答不上来,那你就永远和这柱子做伴。"

也不等男孩答应,那僧人就说道:"你有一双眼睛,一双耳朵,却只有一张嘴巴。你知道为什么吗?"

这时候,男孩虽疼得脸色苍白,嘴里却骂个不停,他将僧人的祖上都骂了个遍。僧人也不理他,直到最后,他耷拉着脑袋再也没有力气说一个字,才仔细回想僧人的问题。然后,他蔫蔫地回答:"只有一张嘴巴,是为了让我少说话,少骂人。"

僧人闻言,这才拿出药来,一边给他敷药,一边说:"这就对了。你疼是因为你肋骨断了。你的肋骨迟迟得不到治疗,原因不在我,在你的舌头。"

男孩这才明白,口出恶言害自己吃尽了苦头。

舌头如同利剑,倘若口不择言,柔软的舌头,也能折断骨头。

▶ 静心的智慧

我们既要避免因为过激的言语引起他人的怨恨,也要注意自己不要因为怨恨而说出过激的话语。不说过激的话,从以下几点入手:

(1)尊重对方。在交流时,尊重对方的观点,不要贬低、嘲讽或攻击对方的个人品质。

（2）控制情绪。在遇到冲突时，不要过于激动或情绪化，要冷静思考并控制自己的情绪。

（3）用"我"来表达。用"我"来表达自己的观点，告诉对方自己的感受和体验，而不是指责对方。

（4）注意语气和表情。语言和表情也会影响到交流的效果，要注意自己的语气和表情，让对方感到舒适。

第七章

不悲伤的智慧：
虽然悲伤来过，
但它终究是过客

我们都曾经历过悲伤，它是生命中不可避免的一部分。然而，我们也要相信，悲伤终究是过客，它会离开我们，留下的只有一份成长和智慧。劝君莫悲伤，今日忧愁如黑云压顶，明日自有阳光照耀心房。

> 我们都生活在地球这个小行星的表面，并且无法摆脱它。
>
> ——阿尔弗雷德·阿德勒

没有一种伤痛不能被减轻

墓园里，一对夫妇怀抱着一个婴儿在哀哀哭泣。他们面前的三个墓碑上，分别刻着两对老人和一个孩子的姓名。三年前的疫情，夺去了他们的两对父母。三年后的病魔，夺去了他们的一个孩子，现在，他们的另一个孩子也患上了重病。

妻子悲伤到不能自已。她呜咽道："如果可以，我好想逃离这个世界。"

然而，这个想法永远也不可能实现。就像阿德勒说的那样："我们都生活在地球这个小行星的表面，并且无法摆脱它。"在这个地球上，无论命运给予我们什么，幸福、伤痛、悲苦……我们都只能伸手接着，逃无可逃。

丈夫安抚着妻子："不能逃，我们还得回医院给二宝治病。"说完，丈夫怀抱二宝，搀扶着妻子，离开了墓园。

伤痛是人生必不可少的一部分。它们来自不同的地方，学业的迷茫、事业的困惑、亲人的离世、突袭的病痛，有时甚至来自不可测的意外，它们可以是身体上的，也可以是心灵上的。无论它们是什么，我们都必须经历。

当伤痛来袭时，我们往往感到无助和绝望。我们认为，自己无法忍受这样的痛苦，它已经到达我们的极限，就像那位妻子一样。

但是，我们必须意识到，我们比自己认为的要坚强得多。我们可以经受住，也必须经受住那份我们认为无法承受的痛苦。夫妻两个吊唁完后，又带着孩子返回医院接受治疗，便是最好的例证。

伤痛不可避免，却可以转移。所以不要害怕伤痛，只要我们愿意放过自己，就没有一种伤痛不能减轻。

著名的盲人作家海伦·凯勒曾说："我们都曾经历过伤痛，但是我们可以选择成为它的俘虏，或者成为它的战胜者。"

她在一岁半时，一场疾病夺去了她的视力和听力。小小年纪的她成了盲聋残障人。小时候，其他伙伴都去上学了，她却只能被拘囿在家里，哪里也去不了，更没有人陪她玩耍。孤立和孤独的伤痛，在她小小的心灵中烙下深深的印痕。

不过，她没有选择成为伤痛的俘虏，郁郁寡欢一辈子。而是选择战胜它。在父母为她请来盲文老师之后，她克服重重困难，跟着老师努力学习盲文，学习感受世界的一切。最终，她考上哈佛大学，并成为一名作家。

海伦·凯勒的疾病伴随她一生，那疾病带来的伤痛也是永远不可避免的。但她却智慧地将它转移。她不沉溺于伤痛，而是专注于学习。她放过了自己，让自己的心灵不再承受疾病带来的煎熬，这种伤痛也就自然而然减轻了。

面临伤痛时，我们可以采取一些措施来帮助我们克服痛苦。比如，像海伦·凯勒那样专注学习；我们也可以寻求帮助，与朋友和家人交流感受；我们还可以寻求专业的治疗，以帮助我们处理痛苦。

一切过往，皆是序章。伤痛来袭不可怕，迟早它都会过去。最重要的是，当下的我们必须相信自己：我们的内在足够强大，能提供足够的力量来克服任何痛苦。

很显然，伤痛并不一定是一种坏事。它们可以让我们成长，让我们变得更加强大。因为感同身受，伤痛还能教会我们更有慈悲心和同情心。

寻子父亲孙海洋，被儿子丢失的伤痛折磨了十几年。但他并没有被伤痛打倒，而是一边寻找自己的儿子，一边帮助其他丢失孩子的家庭。

他组成一个寻子团队，帮助了无数家庭寻回孩子。这期间，尽管他的孩子一直没有找到，但在看到其他家庭团聚时，他的伤痛也有所减轻。直至他的儿子找到那一刻，他的伤痛也都烟消云散。

要知道，当我们经历痛苦时，我们会更容易理解他人的痛苦。我们会更加关心他人，会更加慷慨，更加善良，更加坚定。因为我们知道痛不欲生的绝望。

生命中的每一天，都有无尽的痛苦与忧愁，但无论伤痛多么深重，总有一种方式可以减轻它。或者是一句温暖的话语，或者是一份深深的关怀，无论是身体上的疼痛，还是心灵上的伤口，总有一种力量可以让我们坚强，让我们勇敢面对一切的困难，不管多么艰难险阻，我们依然可以存活下去。

美国畅销书作家约翰·肖尔斯，在《许愿树》一书中说："没有不可治愈的伤痛，没有不可结束的沉沦。所有失去的，会以另一种方式归来。"别让伤痛困住你前行的脚步，穿过忧愁的牢笼，越过痛苦的高山，你失去的，岁月总会以另一种方式馈赠给你。

▶ 静心的智慧

时间能够转移和减轻伤痛，但那太慢，有时候我们需要一些智慧去减轻伤痛。可以学习一些方法和技巧：

（1）接受现实。无论你面对的是什么伤痛，接受现实是解决问题的第一步。不要试图逃避或否认伤痛的存在，否则只会让你更加痛苦。

（2）学会情绪调节。控制情绪是处理伤痛的关键。学习深呼吸、冥想、瑜伽等技术，帮助你控制情绪和放松身心。

（3）借助自然。大自然有着疗愈的力量，去海边、山区、公园等地方，感受自然的美妙和力量，可以舒缓你的心情，让你放松身心。

（4）学会宽容。学会原谅自己和他人，不要执着于过去的伤痛，也不要抱怨和责备他人。宽容可以减轻心理负担，让你更加轻松自在。

> 生活不仅仅是一场游戏,生活中并不缺少困难。
>
> ——阿尔弗雷德·阿德勒

你难过,可能是你思维出现了偏差

小卢是一位出色的市场营销经理,他的营销策划以及业绩都备受公司肯定。而且他善于处理人际关系,深得领导和同事的喜爱。然而,最近他和同事发生了争执。

公司每年都会举行一次推广活动,今年由小卢负责策划和执行。他付出了很多心血,终于制订出一份完美而独特的营销方案。

然而,在推广活动前,小卢发现同事并没有全面落实他的方案。此时距离活动开始仅剩四个小时,他忍不住与同事大吵了一顿。

小卢怒斥:"我多次强调,要百分之百地按照方案执行。现在只执行了一半,你们到底在搞什么?"

同事则辩称:"我已经尽力了,你凭什么这么责备我?你是不是有什么问题?"

小卢听了这话，愤怒之余，又非常难过。尽管通过他的补救，让活动得以顺利开展，也让公司销售额成倍增长，他和同事也因此得到一大笔奖金，但他一直心情沉重，难以释怀。

小卢的难过情绪迟迟不能散去，其实无他，只是他的思维出现了偏差。

事实上，他的同事在全心全意地执行他的方案，只是因为能力有限，所以未能将他的方案全部执行到位。倘若小卢把注意力放在这上面，而不是放在他和自己对骂的这件事情上面，他就会释怀，甚至根本不会在意同事说的过激的话。

人生中难免会遇到一些挫折和困难，这时候我们常常会感到难过、失落、沮丧。然而，有时候，我们的难过并不是因为事情本身的不顺利，而是因为我们的思维出了偏差。就像小卢那样，把重点放在"人"身上，而不是放在"事"上，这就是思维出现了偏差。古人说，就事论事，是有道理的。

一个人的思维模式，往往会影响他的感受和表现。如果我们的思维模式是消极的、偏见的，那么我们就很容易看到问题的负面方面，而忽略了它的积极因素。这种思维模式会让我们越来越沮丧，进一步加深我们的困境。

相反，**如果采取积极、开放、灵活的思维模式，我们就能够更好地理解和接受一些不可避免的挫折和失败，从而能够更好地应对问题，并找到解决的方法**。这种思维模式会让我们更加自信面对生活中的挑战。

小徐考编，连续考了三次都没能通过。小徐很难过，觉得自己一无是处。

母亲见他消极悲观，说："总也考不过，难过是正常的。不过，更重要的是，你有没有分析一下，自己为什么总考不过？"

小徐思索了一会儿，说："我没有全力以赴地备考，因为我还要分一部分精力去做外贸，我这五年积累了大量客户，我如果不做，他们就会流失掉。"

母亲问："你做外贸挣多少钱一个月？这个工作开心吗？"

小徐回答："一个月1~3万左右不等。我的客户都是多年的老客户，我们相处很融洽，那自然是很开心的。"

母亲笑了，说："你看，虽然考编一直不顺，但你做外贸很成功啊。所以，你为什么要难过呢？"

母亲的话，让小徐的思维豁然开朗。他明白了：难过，其实是自己的思维出了问题。

不要让负面情绪再困扰你，试着从另一个角度看问题，或许会发现一片新的天空。

当我们感到难过时，我们就要仔细观察自己的思维模式。我们需要问自己，是不是把问题看得太过消极了？是不是固执地坚持着自己的想法，而忽略了客观事实？是不是过于焦虑和担忧，而忽略了生活中美好的事物？

阿德勒说："生活不仅仅是一场游戏，生活中并不缺少困难。"

其中，思维偏差便是一种困难。一旦发现思维出了偏差，就要调整自己的思维模式。我们需要学会更加积极地看待问题，更加开放地接受别人的意见和建议，更加乐观地面对生活中的挑战。这样，我们才能更容易快乐和满足，同时也才能更好地应对生活中的困难和挑战。

小丽是一位年轻的女孩，有着聪明的头脑和积极向上的性格。有一天，朋友约她去逛街，她很高兴地答应了。

在逛街的过程中，小丽看到了一件非常漂亮的裙子，但是价格很高，她犹豫了起来。

朋友告诉她："你看这件裙子多漂亮，错过多可惜！买下来吧。"

小丽听了朋友的话，思维出现了偏差，她认为自己必须拥有这件裙子，否则就错失了一次难得的机会。于是，她毫不犹豫地买下了这件裙子。

然而，在回家的路上，小丽开始反思自己的决定。她觉得自己穿这件裙子的机会不多，而且价格太高浪费金钱，这让她感到很不舒服。

小丽很后悔，完全忽略了衣服是日常所需才买，而不是因为机会难得而买，所以才做了错误的决定。

这个小故事告诉我们，思维偏差是我们生活中常见的问题。如果我们不能意识到自己的思维偏差，那么这些偏差就会不断地干扰我们的决策，最终导致我们痛苦和遗憾。因此，**我们应该时刻保持清醒的头脑，避免受到思维偏差的影响。**

只有当我们学会调整自己的思维模式，才能够真正地走出负面情绪，迎接更加美好的明天。

▶ 静心的智慧

当思维出现偏差而导致难过沮丧时，我们需要采取积极的行动来处理它们。这包括接受自己的情绪，寻找解决方案，具体如下：

（1）接受自己的情绪。不要否认或压抑自己的情绪，而是接受它们的存在。要认识到这些情绪是正常的，并且是可以克服的，这样可以帮助你更好地处理它们。

（2）找到支持。与朋友、家人或专业人士交流你的感受，他们可以提供建议、支持和鼓励。

（3）关注自我心理。确保给自己足够的休息、饮食和锻炼。这可以帮助你保持身体和心理健康，从而更好地应对各种挑战。

> 我们从未见过一个人真正放弃，这是不可能的，因为它超越了人性。
> ——阿尔弗雷德·阿德勒

失去不重要，重要的是面对失去

小明是一个五岁的男孩，他最喜欢的玩具是一只小熊，无论去哪里，他都会带着那只小熊。

有一天，他和爸爸去公园玩耍，不小心把小熊弄丢了。小明很伤心，哭了好久。爸爸安慰他说："失去不重要，重要的是，面对失去，我们该怎么做。"

小明停止抽泣，想了一会儿，说："既然找不回来那只小熊，那我们只好去找一只新的小熊替代它。"

于是，爸爸带着小明去一家玩具店，买了一只新的玩具熊，小明也变得开心起来。

看，面对失去，小孩子都懂的道理，但很多成年人却不懂。很多成年人在失去恋人、失去工作，甚至失去亲人的时候，总是无法接受这一事实，他们寻死觅活，痛不欲生，闹得鸡犬不宁。

有一个男孩，因为女朋友向他提出分手，他无法接受失去恋人这一事实，要跳楼自杀。幸亏警察来得及时，将他救了下来，否则后果不堪设想。

这种以放弃自己生命为代价的举动，是最愚蠢的。阿德勒说："我们从未见过一个人真正放弃，这是不可能的，因为它超越了人性。"面对失去，你若是以放弃自己的生命为代价，那是不理智的，也不符合人性。你的放弃，只是你面对失去时，不理智的做法罢了。

人生漫长，我们总会遇到各种各样的失去。有些失去是可以弥补的，比如，失去了一笔钱财，我们可以努力工作赚回来。有些失去是无法挽回的，比如，失去了亲人朋友，他们永远都不会回来了。

无论是哪种失去，我们都需要学会面对它。失去不重要，重要的是我们如何处理失去带来的影响。**如果一味地沉浸在失去的痛苦中，那么将无法向前迈进。相反，如果勇敢地面对失去，能在失去中找到新的可能性。**

比如，失去一份工作可能会让我们感到失落和无助。但是，如果我们能够重新审视自己的职业规划和能力，也许会发现自己有更多的选择机会。同样地，失去一段感情可能会让我们感到孤独和无助，但如果我们能够学会自我成长和独立，就会找到更适合自己的爱人。

小明勇敢面对失去，他得到了一只新的小熊；那个失恋男孩一味沉浸在失去中，他差点连自己的命也失去了。

这说明一个问题：面对失去，我们需要学会接受和放下。接受失去，并不意味着我们应该放弃追求更好的未来，而是要学会接受现实并从中吸取经验。同时，我们也需要学会放下过去的痛苦和失落，让自己能够重新开始并迎接新的挑战。

小红是一个活泼开朗的女孩，她有一个非常好的朋友叫小芳。

有一天，小芳搬去另一个城市，和小红分开了。失去了自己最好的朋友，小红很难过。但她知道，难过也不能让小芳再搬回来，所以她开始主动和其他同学交朋友。慢慢地她发现，她的生活变得更加丰富多彩，她也交到了新的好朋友。

人生的旅途，道长且阻，有许多悲欢离合，有些人离开了，有些事物消失了，我们每一天都要面临"失去"的问题。**失去并不重要，面对失去才是最重要的，不能让悲伤和痛苦占据我们的内心，我们要学会释怀，放下那些已经不可能再拥有的，让自己继续前行，去寻找新的开始。**

▶ 静心的智慧

面对失去，我们会有不舍，会有失落，会有沮丧和绝望。怎么样才能正确地处理这些情绪，正确面对失去呢？可以采取以下几种方法：

（1）了解和接受自己的情绪。失去会引发各种情绪，如悲伤、愤怒、焦虑等。要清楚，这些情绪是正常的，接受自己的情绪，不要压抑或否认它们。

（2）给自己时间和空间。失去需要时间来接受和适应，不要强迫自己过快地应对。同时，给自己一些空间，让自己有时间思考和反省。

（3）寻找新的意义和目标。在失去后，可能会感到迷茫和无所适从，寻找新的意义和目标可以帮助你重新找到方向和动力。

> 一个人的态度并不会决定其行动，它们必须得到感情的增援，才能产生行动。
>
> ——阿尔弗雷德·阿德勒

一念悲伤，一念欢喜

病床前，父亲刚刚去世，兄妹二人都很悲伤。

三天后，墓地里，父亲的坟前，妹妹哀哀哭泣，悲伤更甚。而哥哥却风轻云淡，甚至还和朋友有说有笑。

崩溃的妹妹和哥哥吵起来："我们失去了爸爸，亏你还笑得出来！"

哥哥淡淡地回答："父亲已经去世了，你哭就能让他死而复活吗？"

妹妹一愣："不能。"

哥哥道："这就是了！父亲去世了，我怎么可能不难过？但是难过有什么用？悲伤过度会得病，我病了谁来照顾母亲和你的嫂子、侄儿。一念悲伤，一念欢喜。何不选择欢喜？！"

悲伤和欢喜，是人类情感的两个极端，是生命中不可或缺的两个部分。也正是它们，决定着一个人的行动和思考方式。所以阿德勒在他的《自卑与超越》一书中说："一个人的态度并不会决定其行动，它们必须得到感情的增援，才能产生行动。"

感情是人类情感体验的一种表现形式，它可以激发人们内在的动力，促使人们采取积极的行动。没有感情的支持，一个人的态度和意愿很难转化为具体的行动。

悲伤时，人们往往会感到无助、沮丧、失落，而欢喜时则会感到兴奋、愉悦、满足。然而，情不知因何而起！这就意味着是喜悦还是悲伤，由不得我们决定。

不过，情感起时，**是让其悲伤下去，还是让其喜悦而来，是我们可以决定的。**

从前，有一个乐观的小女孩，她总是看到生活中的美好和快乐。然而，有一天，她的爷爷去世了，她非常悲伤，哭了好几天，每天都很难过。

她的妈妈见她从悲伤中迟迟走不出来，很是着急，于是告诉她："爷爷一定希望你能够开心快乐地生活下去，因为这样才能让他安心。"

"好的，我会遵照爷爷的遗愿去办。"小女孩答应着，开始努力地寻找生活中的美好。

她和妈妈一起做了一些好玩的事情，去了动物园、游乐场和海边。她发现，当她专注于寻找快乐时，她的心情变得更加轻松和愉快。

小女孩明白了，一念悲伤，一念喜悦。选择悲还是喜，不在其他，全在你的一念之间。

虽然悲伤是无法避免的，但是我们可以选择如何面对它。我们可以选择让悲伤淹没自己，也可以选择积极地去寻找快乐，让自己变得更加坚强和勇敢。

任何事情都有两面，人生不可能只有不幸和荆棘，也有欢喜。

悲伤让我们感受到生命的脆弱和短暂。无论是失去亲人、朋友，还是面临工作上的挫折、生活上的不顺，都让我们悲不自胜，痛不欲生。但是，正是这种悲伤，让我们更加珍惜身边的人和事物。也让我们更加坚强和勇敢。

欢喜让我们感到生命的美好和幸福。无论是成功、爱情、友情，还是美食、旅行、音乐，欢喜总是让我们充满活力和能量，让我们更加乐观和自信。

在人生的旅途中，悲伤和欢喜时常交替出现，它们相互依存，所以有悲喜交加；它们又相互平衡，所以有乐极生悲，也有否极泰来。这意味着，悲和喜，对我们来说，有着同等重要的作用。我们需要学会接受并平衡这种交替。

杨绛先生曾说："岁月静好是片刻，一地鸡毛是日常，即使世界偶尔薄凉，内心也要繁花似锦，浅浅喜，静静爱，深深懂得，淡淡释怀。"悲伤来袭不要退缩，勇敢面对才可超越。欢喜降临不要忘却，珍惜当下才能持久。生命苦短须珍惜，每一刻都弥足珍贵。

一念悲伤，一念欢喜，想要忧愁的生活，还是要快乐的生活，你自己说了算。

▶ 静心的智慧

欢喜能够让我们保持愉悦的心境，所以，发现自己陷入悲伤情绪时，要迅速纠正它。怎样将悲伤转换成欢喜呢？可以采取以下几个步骤：

（1）意识到自己的情绪。首先要认识到自己的情绪状态，承认自己感到悲伤。

（2）找出悲伤的原因。分析自己为什么感到悲伤，找出悲伤的根源。

（3）转移注意力。将注意力转移到其他事物上，比如听一首欢快的歌曲、看一部有趣的电影或者与朋友聊天。

（4）寻找积极的思维。在自己的思想里积极寻找一些正面的想法，例如感恩自己拥有的一切、回忆一些快乐的时光等。

第八章

不迷茫的智慧：
坚毅是你的人生底色

人生漫漫，前途未卜，我们难免会迷茫。迷茫之人，难免犹豫，再好走的路，你犹豫，也走不到尽头。别让你在本该拼搏的年纪，想太多，做太少。生命是条河，只有自己渡自己，擦亮迷茫的双眼，用坚毅做桨，才能到达彼岸。

> 多么幸运,我们的生活中充满无限的挑战与可能。
>
> ——阿尔弗雷德·阿德勒

甜是甜的味道,苦是苦的味道

有一个年轻人,到寺院找禅师诉苦。

从小学到大学毕业,学业上一帆风顺,别人尝尽头悬梁、锥刺股的苦,因为聪慧,他未感受分毫。大学毕业后,他很快找到了一份工作,但是这份工作需要每天加班加点,工作压力很大,并不如他想象中的那么好。

一边回味学业顺利的甜,一边咀嚼现实工作的苦,年轻人陷入迷茫之中,他问:"禅师,我该何去何从?"

禅师笑着回答他:"甜是甜的味道,苦是苦的味道。人生就像河流,风景多姿,有时平静,有时波涛汹涌。每个经历都是一次航行,每次航行都带来新的挑战和成长。现在面对的困难就像河中的险滩,需要你努力划船,克服困难,才能顺利通过。"

年轻人听了禅师的话,顿时茅塞顿开。他明白了,人生需要经历甜蜜和苦涩,每个经历都是成长的机会。他也明白了,成功并不是一蹴而就的,需要不断地努力和奋斗。他开始重新审视自己,努力改变自己。调整心态后的他逐渐适应了工作的节奏,也得到上司的认可和赞扬,他从工作中尝到了甜。

世界是一个矛盾的统一体。有黑就有白,有苦就有甜,有幸福就有苦难。生活在这个世界上,自然也是一个矛盾的过程。因其矛盾,所以充满无限可能。幸福和苦难并存,甜蜜和苦涩交加,阿德勒为此感叹说:"多么幸运,我们的生活中充满无限的挑战和可能。"

在无限的可能中,这个世界却也经纬清晰,黑白分明,人们对于是非、黑白、好坏等概念的认知非常清楚。这种认知是人类文明发展的基础,也是我们生活中重要的指引。它指引我们做出正确的选择,遵循正确的道路,走向更美好的未来。

只是在某些情况下,我们面对的问题可能很复杂,甚至难以判断是非黑白,更难以辨别酸甜苦辣。甜是甜的味道,苦是苦的味道,甜苦分明时,人们总能清楚知道自己该怎么做,往哪里去!一旦介于甜苦之间,人们就会如那个年轻人般陷入迷茫:我从哪里来,我要去哪里?心里充满矛盾。

然而,正是因为矛盾存在,我们才能够感受到生命的多样性和丰富性。矛盾并不是问题的根源,而是问题的表象,它提醒我们:该去寻找更深层次的解决方案,更全面地思考问题啦!所以,当我们遇到矛盾时,不要抱怨,也不要逃避,而是要勇敢面对,积极思考,找到解决问题的方法。这也是成长的过程,因为只有不断地面对矛盾,才能不断地成长。

有个大学生,两度考研失败。

遭遇如此挫折,他心灰意冷,满心迷茫。他在网络上发帖子问:"上帝给你们的礼物是称心如意,为什么给我的礼物却是挫折失败?"

帖子下面很快就有人回答他:"你已经读了大学,相比起我这个高中就失学的人来说，上帝已经给了你一份很好的礼物。"

瞧！你拥有的，你以为平平无奇，却是别人永远也没有得到的珍宝。当你百般努力，尝尽苦头，却因得不到某些东西而陷入迷茫时，低头看一看你自己拥有的，那是别人尝尽苦头也得不到的甜。

阳光下的微笑，如同甜蜜的糖果，风雨中的坚持，犹如苦涩的药丸。然而，甜有甜的香浓，苦有苦的醇厚，生活中的点点滴滴，都是我们的财富。

生活又苦又甜，甜和苦常常相互交织。当我们品尝到一道美味的酸甜苦辣的菜肴时，我们会感到口感丰富和满足。同样，在人际关系中，我们也会经历甜蜜和痛苦的交织。

有一对夫妻，养育了一个孩子。

孩子小时候听话乖巧，哪怕只是甜甜的一笑，这对夫妻都觉得自己如浸在蜜罐里一般甜蜜。但随着年龄增长，孩子逐渐有了自己的思想和判断，变得叛逆，动不动就犟嘴，学习也不专注，还动不动就和人吵架打斗。

这对夫妻的苦恼来了，他们不知如何平衡孩子的学习和生活，也不知如何处理孩子的情绪问题，经常陷入了迷茫和无助的境地。有时甚至老师的电话响起，这对夫妻都会心惊胆战，因为他们不知道孩子在学校里又惹了什么祸。

面对这种情况，丈夫还算从容，妻子却很难受，她一度熬不过去，陷入抑郁状态。她问丈夫："太苦了，你是怎么熬的？"

丈夫回答道："升起苦恼时，就想一想之前孩子带给我们的快乐和甜蜜，就会好很多。"

养育孩子，是甜苦参半。结交朋友，交往恋人，同事相处，何尝不是如此？甜苦参半的状态，无处不在。唯有在甜中寻找苦的启示，在苦中体味甜的滋味，才是一种平衡。

生命如流，甜苦皆有。在甜美的时刻，我们要珍惜，感恩，享受生命的美好。在苦涩的时刻，我们要勇敢面对，学会接受，从中成长。

▶ 静心的智慧

生活中有甜也有苦，都喜欢喜乐甜蜜，都排斥悲苦忧伤。当我们在悲苦忧伤的时刻，会感到迷茫和困惑，不知道该如何应对。以下是一些有用的方法：

（1）接受现实。首先要接受事实，生活中有甜也有苦，不要逃避和否认它，而是要学会接受它。

（2）坚持信念。在悲苦忧伤时，我们要坚持自己的信念和价值观，这会给我们带来力量和信心。

（3）让时间帮助我们。时间是一种力量，让我们耐心等待，让时间帮助我们慢慢地破除迷茫，走出困境。

> 生活中会遇到各种问题，谁也不会觉得自己已处于自己能完全掌控的最终环境中。
>
> ——阿尔弗雷德·阿德勒

这世界很好，但你也不差

有个小伙子，生在大山里。父母双双去世，他跟着奶奶长大。在他读高中时，奶奶也一病不起。这时的小伙子，别说读书了，就连一日三餐都没了着落，他只好退了学，去城市打工糊口。

小伙子在工地上找了一份工作，夜里则睡在工棚。白天，同龄人都在宽敞明亮的教室里上课，他却在烈日下搬钢筋砌砖块；夜里，城市的霓虹灯七彩斑斓，工棚里只有一盏小灯散发幽暗的微光。微光下，小伙子在自学高中课本。学得累了，他便眺望工棚外那霓虹灯，嘴里嘟囔着："这世界真好……"

三年后，小伙子参加了成人高考，并以六百多分的高分被名校录取。他拿着打工三年积攒的一笔钱去报到，站在校门口，仰望着校门匾额，他对自己说出下半截话："这世界真好，但我也不差。"

这世界很好，但你也不差。这是一句简单而深刻的话语，它告诉我们，我们所处的这个世界是美丽的，但同时也提醒我们，我们自己同样也是美好而不可或缺的。

在这个世界里,你不必成为最好的,但你可以成为更好的自己。在你的生命旅程中,用心感受每一个瞬间,用爱和勇气面对每一个挑战,你会发现,生命的价值不在于你拥有什么,而在于你成为了什么。

阿德勒说:"生活中会遇到各种问题,谁也不会觉得,自己已处于自己能完全掌控的最终环境中。"这句话的意思是,我们在生活中会面临各种各样的问题和挑战,即使我们认为自己已经掌控了所有的环境和情况,但现实总会出乎我们的意料。

我们身处于一个充满机遇和挑战的时代,需要不断适应和应对各种变化,才能在不断变化的环境中生存和发展。怎么应对?唯一的答案便是:做好自己。

三月的牡丹盛开,惊艳了你的世界,但你不能因此说四月的月季不美。新时代,做人工智能的技术人员大有可为,但你不能因此说制造桌椅板凳的工人会被淘汰。做最好的自己,以不变应万变,自然就能稳稳立足于时代的风口浪尖,并自信地喊出那句话:"这世界很好,但我也不差!"

马化腾和他的五个兄弟,大学里只是普通的计算机系学生。在当时,欧美等国早已进入计算机时代,而中国却刚刚起步,作为计算机系的学生,马化腾他们和欧美等国的学生无法相提并论。

不过,他们没有气馁。他们喜欢尝试新的编程语言和技术,在不断学习和实践中,努力提升自己的技能。最终,他们开发出QQ这款社交软件,并成立了腾讯公司。马化腾成了一名成功的创业者。他的公司发展迅速,成为中国知名的科技公司,旗下的QQ和微信,成为世界上知名的社交平台。

别让外界的喧嚣影响你的内心,保持一颗平常心,不断追求进步,穿过每一道关卡的你,都在进化,在不知不觉中,你已经变得强大。

▶ 静心的智慧

在这个美好的世界里,拥有一份"自己也不差"的自信,绝非易事。稍不注意,就会跌进迷茫的浓雾中,找不到方向。怎样拥有这份自信?可以这样做:

(1)坚信自己的价值。每个人都是独一无二的,都有自己的价值和特点,要坚信自己的价值,相信自己能够为这个世界做出贡献。

(2)勇敢面对挑战。不要害怕挑战和失败,挑战和失败是成长的机会,要勇敢面对挑战,从失败中吸取教训,不断提升自己的能力和素质。

(3)培养自信的习惯。要养成自信的习惯,比如说多读书、多锻炼身体、多交朋友、多尝试新事物等,这些习惯可以提升自己的能力和自信心。

(4)不断学习和成长。要不断学习和成长,提升自己的知识和技能,这样可以增强自己的自信心,让自己在面对各种挑战时更加从容和自信。

> 一个人因大脑右边受损伤而失去读写能力,但通过训练大脑的其他部分,又重获读写能力。
>
> ——阿尔弗雷德·阿德勒

天黑怕什么,总是会天亮

男孩的爸爸脾气暴躁,经常打骂家人,让男孩深感恐惧。

有一天夜里,爸爸又犯起浑来,他举着菜刀,嘴里嚷着:"今天我非砍死你们不可!"

男孩吓得赶紧拽起妈妈躲到门外。听着爸爸在院子里叫嚣,男孩瑟瑟发抖,惊恐地问妈妈:"妈,我们去哪里?我不想回家,我怕!"

妈妈抬手抚摸着儿子的头顶,一边细声说:"儿子,别怕。"

怕爸爸追出来,妈妈牵着男孩在巷子里走,漆黑的夜,没有月亮,也没有路灯,根本看不到路。男孩心惊胆战,也很迷茫:"我们去哪里?妈,我怕黑。"

妈妈说:"天黑怕什么,总是会天亮。"那天夜里,男孩就靠妈妈的这句话,一直支撑到天亮。

后来,妈妈带着男孩远走他乡,离开了有家暴倾向的父亲。

再后来,男孩只要迷茫的时候,妈妈那句话都会在耳边回荡:"天黑怕什么,总是会天亮。"这句话仿佛像一束光,照亮他迷茫中前行的路。

人生在世,总会受伤。有的来自自然的无情,比如,地震失去亲人、山火烧毁房屋等;有的来自人的私心和欲望,比如,被朋友背叛、被恋人伤害等。总而言之,伤痛是人生中必须经历的一部分。

当伤痛来袭,我们便会如堕黑暗。无助、绝望、孤独和沮丧,让我们身心俱疲。我们会陷入迷乱、无措、失落和失望的情绪中,仿佛永远无法摆脱困境。更有甚者,会对生命失去信心,觉得自己的存在毫无意义。

七年前,大李的儿子二十岁,于是大李贷款给儿子买了一套房子。房子位于市中心,他把所有积蓄拿出来付了50万元的首付,还贷款了一大笔钱。他本以为买了房子就可以安心。谁知遇上疫情来袭,经济萧条,房地产业下滑,仅五年时间,那套房子的价格下跌了30%左右。

偏偏这时,单位裁员,大李失业了。

眼看着房贷也还不起了,大李感觉自己一下子坠入黑暗,他的生活看不到一丝光亮。每个月紧催的贷款,让绝望的大李一度想要寻短见。他觉得,自己的人生已经被完全颠覆,无法再回到过去的生活中。

但他忘了,天黑,也总是会天亮的。

他的儿子将仅有的一套住房卖了出去,用来偿还新房贷款。后来他儿子硕士毕业,走上工作岗位,大李也找到一份工作,父子二人很快就还清了贷款。

大李的天亮了,生活又恢复了往日的宁静。

当我们陷入暗无天日的痛苦时，我们得明白，这只是一时的情绪和感受。时间会治愈一切，天总会亮起来，我们总会放下过去，逐渐走出伤痛，重新获得生活的乐趣和希望。

阿德勒说："一个人因大脑右边受损伤而失去读写能力，但通过训练大脑的其他部分，又重获读写能力。"**当你因为失去而跌进生活的黑暗中，你会迷茫，会慌乱。不过，你要坚信，只要你不放弃，失去的一部分，总会以某种形式回来。我们要做的，就是保持平和的心态，坚守住信念。**

有一个家庭，丢失了两个孩子。多年来，夫妻两个都奔走在寻找孩子的路上，但每一次都以失败告终。一次次的打击，将夫妻二人的意志击垮。最终在孩子丢失二十周年的那天，夫妻两个先后都选择了自杀。

又过了三年，他们的坟前来了两个年轻人，正是他们丢失的孩子。孩子长大后，凭着儿时的残存记忆，找回家来了。

遗憾的是，那对夫妻没能等到这一天，他们倒在了天亮前最后的黑暗里。倘若怀揣"天黑怕什么，总会亮起来"的信念，他们也不至于崩溃到自杀，也就能等到儿女归来的那一天。可是，这遗憾，永远都只能是遗憾了！

生活中，我们常常会遇到各种各样的困难和挑战，有时甚至会感到无助和绝望。但是，不管我们经历了多少挫折和磨难，即使我们面临的是最黑暗的时刻，也不要失去信心和勇气。

天黑怕什么，总是会天亮。黑暗中的寂静，是思考的良机。在重重障碍面前，不要退缩。坚信自己，勇敢前行，不畏艰难险阻，奋力拼搏，终将迎来胜利的曙光。

▶ **静心的智慧**

每个人都避免不了伤痛或困惑,当生命至暗时刻,怎样才能守住那颗心,让它不至于慌乱和迷茫?可以采取以下几种方法:

(1)接受现实。有时候,我们无法改变现实,就要学会面对现实,接受它带来的一切,从中寻找希望和机遇。

(2)寻找内心的平衡。可以通过冥想、瑜伽等方式来寻找内心的平衡和宁静,让自己更加坚强和有力量。

> 我们克服了生活中的一切困难,最终战胜了周围的环境,安全地活着。
>
> ——阿尔弗雷德·阿德勒

学会坚毅行事,迷茫自会消散

有一个人,跟随徒步团队去五台山朝台。

从西台下来,向更高的中台爬行时,途遇大风。那大风在山垭口呼啸而过,大有不把人刮下山谷不罢休的气势。那人在风中摇摇欲坠,随时都有被刮到山下的危险。

她心生畏惧,满眼迷茫地望着高耸的中台,和同行朋友说:"这样子徒步太危险了,我想回到公路上去搭个车。"

朋友鼓励她说:"往上走吧,相信你自己的毅力,你一定能行的。"

朋友的鼓励让她生起勇气,于是按下心头的不安,继续往上爬。一步,又一步……在六个小时后,她终于走到中台。

事后,她总结出一个道理:"坚毅是一种勇气,它可以让你战胜恐惧和不安。"

在人生的道路上,我们总是会遭遇挑战,这些挑战,或许比徒步五台山要更艰难,但是,只要坚毅行事,就能心生坚定和自信,就一定能够战胜挑战,走出逆境。

人的肉体和心灵，是一个很神奇的机体。每个人似乎都有这样的体验：当你的皮肤被划破一道口子时，心灵会调动身体的各部分，统一协调，努力帮助那道伤口愈合。当你的肉体在这个尘世行走，感觉困顿疲倦时，你的心灵会努力激发身体的潜能，并调动这些潜能支配你的肉体进行运动，以确保你实现你的目标。而心灵这一行为，就叫"坚毅"。

阿德勒说："我们克服了生活中的一切困难，最终战胜了周围的环境，安全地活着。"而"克服"和"战胜"的力量，便源于"坚毅"。

坚毅是什么？是一种内心强大、充满毅力和决心的品质。

坚毅的人，有着不屈不挠的精神，在困难和挫折面前，他们总能保持镇定和坚强，从不不轻言放弃，努力追求自己的目标和梦想，即使失败，也从不畏惧。

爱迪生在成功发明灯泡前，用了一千多种材料做灯丝，这就意味着，他已经失败了一千多次。

助手很迷茫，劝他说："放弃吧，爱迪生先生，你已经失败一千多次了，不可能成功的！"

爱迪生回答："为什么要放弃呢？迄今为此，我已经发现有一千多种材料不能做灯丝。继续做下去，我还将有更多的发现。"

他的话将助手的迷茫一扫而空，助手又充满了信心，继续积极地协助他。每失败一次，爱迪生就告诉助手："看，咱们又有新的发现了，这种材料不适合做灯丝。"

经过六千多次的"不能做灯丝的新发现"，爱迪生成功发明出灯丝。

爱迪生之所以能说服助手协助他做六千多次失败的实验，表面看起来,是因为他说话的技巧,究其本质,靠的却是他坚毅的品格。试想,一个人能够经受六千多次失败的挫折,却依然坚持不放弃,这是一种多么强大和坚毅的品格啊!

学会坚毅行事,迷茫自会退避三舍。因为面对逆境和挑战时,坚毅的人勇敢承担,不退缩,不怨言,始终保持积极向上的心态,以此激励自己和他人,不断前进。

坚毅行事的基础,是有清晰的目标。爱迪生之所以坚毅,是因为他清楚自己的目标:一定要发明电灯。

小安是一名大学生,做事坚毅,但他不知道自己未来想要从事什么职业,也不知道自己的兴趣爱好是什么。

有一天,他遇到了一位老师。老师告诉他:"要走出迷茫,首先要明确自己的目标。你要花时间思考自己想要的生活和职业,并制订具体的计划来实现这些目标。"

小安听了老师的话,开始认真思考自己的未来。他发现自己很喜欢人工智能,便朝这个方向学习和发展,实习也主要寻找这类公司,因为做事坚毅,从不退缩,即使这期间遇到很多困难,他也坚持到底。毕业时,小安已经积累了很多人工智能方面的技术和经验,成功应聘了大型互联网公司。

迷茫让我们感到迷茫和无助。但如果你够坚毅,你就会明确自己的目标,并坚定地走下去。如果我们不知道自己想要什么,即使很坚毅,也很难走出迷茫。

在这条漫长的人生路上,会遇到许多选择,但是,只有怀着坚定的信念,才能做出正确的决策,走出自己的路。

▶ 静心的智慧

当一个人前途不够明朗时，最容易迷茫。在这时，也最需要以坚毅的品格作为支撑。怎样练就坚毅的品格呢？可以从以下几点入手：

（1）清晰的目标。制定一个清晰的目标，才能坚毅地朝着目标行进。

（2）明确的计划。为了达成目标，必须有一个明确的、可行的计划，并且要坚持不懈地执行。

（3）自制力和自律性。要有自制力和自律性，不断地规划和管理自己的时间和资源，以达成自己的目标。

第九章

不沮丧的智慧：
万物皆有裂痕，
那是光进来的地方

人生充满起伏，难免沮丧失落。但要明白，万物皆有裂痕，这些裂痕是光进来的地方。就像一颗被打磨过的宝石，它的裂痕和瑕疵使得它更加独特和美丽。同样，在经历起伏后，我们也会更坚强和睿智。别沮丧，相信自己，让光芒从裂痕中照进来，照亮你前行的路。

> 一个人的选择具有倾向性,他选择的都是有利于实现人生目标的事件。
>
> ——阿尔弗雷德·阿德勒

机会都是留给不沮丧的人

明朝才子唐伯虎 28 岁那年,参加南直隶乡试,获得第一名,次年入京参加会试,也获得好名次。唐伯虎非常高兴,踌躇满志的他逢人就讲:"状元非我莫属,我必定有一番作为。"

然而,现实很快就给他当头一棒。不久,发生了科举案,唐伯虎受到牵连,被贬为一个小小的官差。突发变故让唐伯虎沮丧极了,他没有去任职,而是整日东游西荡,不务正业,放荡不羁。

凭着唐伯虎的才华,本可以有很多机会翻身,但他因丧失斗志都错失掉了。所以他即使才华过人,依然未能功成名就。

机会都是留给不沮丧的人!很多有才能的人,却只能过着平庸的人生,就是因为像唐伯虎那样,一直沉浸在失败中,丧失了勇气和斗志,把宝贵的时光浪费在毫无意义的沮丧中。自怨自艾,颓废丧气,空有一腔雄心,被消耗殆尽,从而错失良机和将来。

阿德勒说:"一个人的选择具有倾向性,他选择的都是有利于实现人生目标的事件。"这样的人，在机会来临之时，一定能做出利于自己的选择，也就大概率会过上充实的、成功的生活。

但如果一味沉浸在沮丧的情绪中，即使有好的机会，他也没有能力抓住，任其像流水东逝。更有极端者，不但未能抓住机会，甚至因沉沦在沮丧中无法自拔而走上绝路。

楚汉战争中，被刘邦打败的项羽，带领八百人马突出重围，一路上被追杀，最后孤零零来到乌江江畔。乌江亭长劝他赶快渡江，江东是他项羽的地盘，留得青山在，不怕没柴烧，只要他项羽在，总能东山再起。

然而，项羽却沮丧地回答："江东父老把八千子弟托付给我，今天我却一个人都未领回来。即使到了江东，我又有什么面目去见他们？"

陷入沮丧中的项羽，本有机会逃生，但他却错失了。不仅如此，他觉得无颜再见江东父老，说完那番话后，便拔剑自刎而死。

倘若他从沮丧中挣脱出来，凭着他的勇谋，那将是另一番景象也未可知！

人生没有坦途，面对挫折和失败，是我们的必修课。我们不能沮丧，更不要轻易放弃。我们应该牢记自己的人生目标，从失败中吸取教训，不断学习和成长。只有这样，在下一次机会来临时，我们才能更好地把握住它。

机会不会留给沮丧的人，只有勇敢者才能站在人生巅峰。风雨中，不低头；沉沦中，不放手。风雨过后，彩虹依旧在天边，只要心中有梦，就能超越自己。

机会是留给不沮丧的人的，只有那些乐观向上、积极进取的人，才能把握住机会，创造美好的未来。不要被沮丧所困扰，勇敢前行才是王道。我们要相信自己的能力，勇敢去追逐，才能收获辉煌。人生短暂，不要留下遗憾。

很多人说，我怎么看不到机会?！机会不是凭空出现的，而是由我们自己争取来的。只有不沮丧的人，才能看到机会，而机会也只会在不沮丧的人面前显现。如果我们一直沉浸在失望和沮丧中，即使机会与你迎头撞上，你也只是把它当成障碍。

人的思维掌控身体，当你的思维是积极的，你的身体就充满正能量，似乎爬高山也如履平地。当你的思维是消极的，你的身体就充斥沮丧的负能量，即使坐着不动，你也会如孙悟空被压在五行山下，不能动弹分毫。

想要抓住机会；就要将体内的负能量清除，给一个出口，让它们流动起来，最终从出口宣泄一空。尝试改变自己的思维方式，比如，积极面对问题，寻找解决办法，从而减少负能量的产生。

机会像一只飞鸟，绝不会在沮丧的面前停留。因为沮丧只会让你看到黑暗，看不到它的存在，你甚至看不到自己的价值。

别沮丧，你不可能一无所有！

▶ 静心的智慧

机会难得。抓住机会可以让你实现自己的目标，实现自己的梦想，让生活更加美好。那么，怎样抓住机会呢？以下是一些方法：

（1）保持积极的心态。积极的心态，可以让你更加敏锐地察觉机会，并且有抓住机会的勇气和信心。

（2）保持学习和成长。可以通过阅读、学习新技能、拓宽自己的视野等方式，提高自己的能力和素质。增强自己的竞争力，更容易抓住机会。

（3）建立人脉关系。可以通过社交、参加各种活动、加入社团等方式，来建立人脉关系，有了它，你更容易接触到机会，了解更多的信息和资源。

（4）时刻保持警觉。机会常常是短暂的，一旦出现就要及时抓住。所以，时刻保持警觉，不要错过任何一个机会。

> 环境与遗传或是别的什么因素都不具有决定性。
>
> ——阿尔弗雷德·阿德勒

跌倒不可怕，可怕的是就此躺平

一个男孩，患有先天性心脏病。父亲多次对他母亲说："这个孩子活不长，咱们迟早要面对他先走的命运。"母亲每次都恼怒反驳："你闭嘴，我的孩子会长命百岁。"

然而，架不住父亲的执拗，久而久之，母亲动了再要一个孩子的心思。虽然母亲对他说："我们再要一个孩子，也一样疼你爱你。"但是这样的生活环境压抑到让男孩窒息。

父亲和母亲每一次关于他的谈话，都让他有被绊倒跌跤的感觉。不过，每一次，他都自己默默消化掉这些情绪，从不让父母看出来。就这样，他在命运之路上摔倒爬起、爬起又摔倒……一路跌跌撞撞到17岁。

有一天，男孩不经意地发现了母亲和她的朋友的聊天记录。妈妈说："我终于怀上了！这次做了各项检查，绝对是一个健康的孩子。"妈妈的朋友回答："你终于不用担心未来失独了！祝贺你！"

男孩当场崩溃，他感觉那个内在的自己重重摔倒在地，再也无力爬起来了。从此以后,他拒绝关照自己的身体,心脏难受也不吃药。眼看着他的身体越来越羸弱,不到半年就去世了。

医生非常不解,说:"患同类病的人,基本上都能活到四五十岁,怎么他才十多岁就去世了呢?"

男孩之所以早逝,先天性心脏病不是决定性因素,真正导致他早逝的,是压抑的环境和他躺平摆烂、破罐子破摔的心态。

事实上,无论是环境还是躺平摆烂,都不应该成为他消极沮丧的理由。

阿德勒说:"环境与遗传或是别的什么因素都不具有决定性。"这句话的意思是,虽然环境和遗传等因素,对一个人的成长和发展有着重要的影响,但它们并不是决定性因素。

一个人的成长和发展是一个复杂的过程,每个人都有自己的经历和体验,在经历和体验中寻找积极的力量,而不是被环境等因素左右自己的情绪。

一个零零后的女孩,小时候父亲去世,和母亲相依为命。大二那年,母亲患上渐冻症,别说她的学费和母亲的医药费,就连她们母女的生活费都成问题。在这样绝望的环境中,女孩感觉自己跌进了命运的深渊。

不过,她没有沮丧和消沉,而是积极面对生活。她申请了休学,回家陪伴母亲。与此同时,她在网上做起了直播,把陪伴母亲的生活放到网上。随着粉丝的增多,她也能靠直播挣钱了。经济上的压力,被她的积极应对化解了,很快她就再次踏入校门。

假设一下,如果她臣服于命运的安排,就躺在命运的深渊里,破罐子破摔,只怕她的母亲还未被渐冻症折磨死,就已经被饥饿困苦夺去生命了,而她自然也好不到哪里去!

在这个快节奏的社会中，人们常常会遇到各种各样的挫折和困难。有人选择面对挑战，勇敢地跨过难关，不断前行，而有些人则选择放弃，选择躺平。

他们认为，面对现实的残酷和压力，躺平是最好的选择，可以避免更多的伤害和痛苦。

然而，这种想法是错误的。**跌倒不可怕，可怕的是就此躺平。那意味着你已经被放弃、逃避和消极占据了灵魂。**

当一个人选择躺平，放弃了对生活的追求和奋斗，他的生活就会陷入停滞和僵化，无法体现自己的价值。因为躺平会使人失去前进的动力和信心，让人变得懒惰和消极。这种心态会使人对未来充满恐惧和不安，失去对未来的希望和憧憬。

当一个人选择躺平，他就会失去与社会的联系和沟通，无法获得社会的支持和帮助。这种孤独和无助会让人感到沮丧和绝望，进一步加重了躺平的负面影响。

最重要的是，躺平会使人失去自我价值和尊严。当一个人选择躺平，他就会失去对自己的认同和尊重，降低自己的自尊心和自信心。这种心态会让人感到自卑和无助，无法真正实现自己的梦想和目标。

人生就像一场马拉松，不是一次短跑，需要耐心和坚持。跌倒只是一时的失误，只要我们能够站起来，继续前进，就一定会成功。在人生的道路上，我们需要勇气和毅力，需要不断地克服困难和挫折，才能最终赢得成功的荣耀。

如果选择躺平，那么，可能永远无法过上我们想过的生活。

▶ 静心的智慧

躺平摆烂，通常指一个人失去了动力、意志力和目标，只想躺在床上或沙发上，毫无目的地度过时间。长期来看，它会导致更多的问题，例如身体健康问题、缺乏成就感和自我价值感低。我们应该及时采取行动，找到适当的方法来缓解压力和焦虑，比如：

（1）建立目标。设置小目标，逐步实现，可以帮助你恢复动力和信心。

（2）借助社交网络。与朋友和家人交流，分享你的感受和经历，可以获得支持和鼓励。

（3）寻求支持。加入支持小组或社区，与有类似经历的人交流，可以得到理解和支持。

（4）管理时间。合理规划时间，避免过度工作或浪费时间，有助于提高效率和积极性。

> 为了实现目标,一个人必须准备好应对所有的情况,必须面对一切。
>
> ——阿尔弗雷德·阿德勒

人生漫长,做一回"王婆"又何妨

因为"王婆卖瓜,自卖自夸"的歇后语,卖瓜的王婆尽人皆知。

传说,一个名叫王婆的胡人,生性勤快,但因为边界战争不断,流离失所,只好带着边境独有的胡瓜籽,来到位于中原地区的开封乡下种瓜谋生。

瓜熟后,他挑着胡瓜去城里卖。但中原地区的人们从未见过胡瓜,不知口感,便少有人买。

王婆只好沿街大声吆喝:"我的胡瓜,又大又脆,又香又甜,不甜不要钱。"

他的夸赞引来众人围观,他的胡瓜也很快就被人们一抢而空。但人们品尝后发现,这胡瓜口感一般,并不如王婆说的那么好。然而,这并不影响王婆的销售呈直线上涨,王婆也颇受人欢迎,因为他变着花样地夸自己的产品,那份自信,打动人们的心。

王婆的做法,或许看起来有些浮夸,但是他的精神却值得我们学习。谁敢保证自己的一生一帆风顺,不会落到像王婆那样糟糕的境地？假如跌进生命的低谷，这时的我们，可能会沮丧和失落，很多人就此一蹶不振。但如果能够像王婆一样，找出自信来，将其放大，或许我们就能够找到解决问题的方法。如果说，在命运的黑暗深渊中，自信是一粒小小的萤光，成倍放大，就能照亮你的世界。

阿德勒说："为了实现目标，一个人必须准备好应对所有的情况，必须面对一切。"在这份准备中，最重要的一个东西就是"自信"。

自信的人，对自己的能力有信心，对自己的现状有清晰认识，能够积极面对挑战和困难，也能更好地发挥自己的潜力。这样的人，不会轻易放弃，也不会被失败打倒。

有一个人，年幼失父，母亲是个家庭主妇，无力供她上学。无奈之下，中学未读完，她便不得不辍学出去打工。20世纪90年代，一个月的工资仅有一百块钱，而她为了挣这一百块钱，需要每天工作16小时，早晨八点上班，晚上加班到十二点，她疲惫不堪，也沮丧不已。

不过，她并未屈服于命运。她从小喜欢看书，对写作有自信，于是，她将日常感悟写进文章并投寄到报社。事实上，比起那些受过高等教育的作者，她的文笔相当稚嫩，有文友甚至嘲笑她："就凭你，也想发表文章，做梦！"然而，她却将自己的自信放大，从中迸发出力量，支撑她做这些事情。

经过持续不断的努力，她的文章在各大报刊上发表。她看到了希望，愈发自信，也更有动力。后来，她把自己发表的文章编撰成书稿，投给出版社。

编辑看到她的书稿，哑然失笑，说："你这是做的什么呀？章、节等图书最基本的格式你都不懂。"

她并未因此沮丧，反而对编辑说："我第一次投稿，格式可能不准确，不过不要紧，这我可以学。而我的文章思想，却是别人无法取代的。"她的自信成功说服了编辑，编辑教给她编书的格式，她的书也顺利出版。

后来，她报考大学，接受了大学教育，成了一位著作等身的作家，同时还创办了企业，开办了写作培训班。

倘若彼时的她一直沉沦在沮丧中，并未将自己微弱的自信放大，她又怎么可能走上写作的路？倘若在别人质疑她不行的时候，她有顾虑，放弃写作，那她又怎么会成为作家，并开创写作班？

人生漫长，总会经历沮丧。别沉沦，做一回"王婆"又何妨！将自信放大，就能看到希望，总比命运拎着你的后脖领在沮丧的深渊里抛来掷去要强。也许你会有顾虑，毕竟在别人眼里，"王婆卖瓜"，只是夸大其词，但对于每个人自己而言，却是一种对抗沮丧最好的战术，因为自信是支持，是力量，它能让我们坚持下去。

▶ 静心的智慧

"王婆卖瓜"是一个俗语，通常指的是某人在说话或行动中夸大其词或吹牛。然而，从另一个角度来看，"王婆卖瓜"也可以有一些正面的意义。我们做"王婆"，并不是让你去吹牛，而是让你更加自信。怎样放大自信？可以从以下几点入手：

（1）表达自己的观点和想法。要勇于表达自己的观点和想法，不要害怕被别人嘲笑或批评。

（2）要有创造性思维，寻找出路和机会，不要被困境所束缚。

（3）要多了解事物的本质和实质，不要只看表面现象，这样才能更好地把握机会和避免风险。

第十章

不畏惧的智慧：
你的未来由你定义

面对人生中的未知，人们经常会感到畏惧，举步不前。别忘了，你的未来由你定义，不要被畏惧支配，勇敢面对每一个挑战，让你的人生更加精彩。不要让怯懦束缚你的灵魂，要有勇气去追逐梦想，即使路途遥远，也要坚定前行，让自己成为一个真正的强者，让你的人生更加光彩照人。

> 深谙人性的古希腊哲学家苏格拉底的话，一直在人们的耳边萦绕：最难的事情莫过于"认识自己"。
>
> ——阿尔弗雷德·阿德勒

走出舒适区的你真好看

特斯拉的创始人、科技大佬马斯克，近几年多次登上世界首富宝座，只要他想，世界上一切最先进的产品都能为他所用。可想而知，他的生活环境有多么舒适。这是无数人渴望的生活，然而，马斯克却为此苦恼不堪。

他说："我每天都在和想要待在舒适区的自己对抗。"他认为，舒适区是一个危险的地方，因为它会让他变得懒惰和自满，一想到这些，他就心生恐惧。尽管他已经成功了，但如果他想持续保持成功，就必须跳出舒适区，去挑战自己，追求更高的目标。

为了走出舒适区，马斯克每天都要做一两件舒适区外的事情，以挑战自己的极限和发现新的可能性。比如，学习新的技能、参加挑战性的运动、尝试新的饮食或睡眠模式等。最为人所知的，便是马斯克把舒服的豪宅卖掉，住进空无一物的办公室。

通过这些努力,马斯克不仅保持创造力,还不断提高自己的思维方式。

马斯克说:"不要畏惧未知,要勇敢地尝试和探索。因为只有这样,我们才能突破现有的局限,创造出更加美好和有意义的未来。"他的这种精神和态度,也是他持续成功的关键之一。他走出舒适区,从而让他的公司始终保持领先地位。

有人说,在舒适区待久了,就连努力一下都觉得自己是在拼命!这种"拼命",有可能是源于懒惰,像马斯克担心的那样;还有可能源于畏惧,比如,列宁爬山道。

列宁很擅长在舞台上做演讲,每一次演讲都获得无数赞美和认同。而他因为工作忙,没有时间运动。对于他来说,城市里的舞台,是他的舒适区。他只需要往台上一站,就能获得成功。

在他成功领导俄国十月革命之后,他已经成为革命的伟大导师和精神领袖,这就意味着,此时他已经站在成功的巅峰,无人能够超越他,他仿佛完全不用走出舒适区……然而,列宁此时认为,自己还是要走出去,才能遇到更好的自己,于是他选择去爬山。

走到半山腰时,面前出现两条路,一条是舒缓平坦的大道,一条是陡峭险峻的小道。看清面前的这两条道路,他毫不犹豫地选择了陡峭险峻的小道。

他的助手吓了一跳,连忙阻拦他说:"走大道就行,小道太危险了!"

谁知列宁笑着回答:"这小道让你心生畏惧,同样的,我也畏惧它。但是,越是畏惧它,越不能怯懦。我们要锻炼自己的胆量,而不是怯怯懦懦不敢迈步。"

走大道很容易,也很安全,但这样的道路即使走上去,又有何益？因为它依然在舒适区里，并未让自己有所成长。但是，走小道就不同了，险峻之中充满挑战，要有足够的胆量才能迎接这份挑战。当他走出舒适区那一刻，他就已经开始成长，开始改变。

我们都希望自己生活在一个舒适的环境中，没有太多的压力和挑战。但是，如果我们一直待在舒适区里，我们的生活就会变得乏味和平庸，我们的成长和进步也会受到限制。

况且，**在舒适区待久了，还会失去挑战自己的勇气和动力。安逸和满足，会让我们失去进取心和求知欲。当再次面临一些挑战时，人们往往会觉得很难受，甚至会觉得自己在拼命。**所以才会有人说出"在舒适区待久了，就连努力一下都觉得自己是在拼命"那句话来。

至于"拼命"，除了不舒适之外，还有另一个原因，就是没有正确对待。

阿德勒在他的《儿童教育心理学》一书中，说过这样一句话："深谙人性的古希腊哲学家苏格拉底的话，一直在人们的耳边萦绕：最难的事情莫过于'认识自己'。"无论是心理学家，还是哲学家，都对人很难认识自己这一事情持同样的观点。不认识自己，意味着不能给自己一个精准的定位。

一定要审视自己，找准原因正确对待。是因为懒惰而不愿意走出舒适区，还是因为畏惧而不敢走出舒适区？懒惰的话就用勤快，畏惧的话就用胆量，有的放矢，针对原因进行纠正，你的"拼命感"才会转化成动力。

舒适区是阻碍成长的最大障碍之一，只有在面对挑战和压力时，我们才能真正发挥自己的潜力，获得成长和进步。去探索未知的领域，尝试新的事物，挑战自己的极限，你会发现，走出舒适区的你，浑身充满力量，眼睛里有光芒，真的很好看！

▶ 静心的智慧

当一个人对未来充满恐惧，就不敢走出当下的舒适区。这时候，往往需要一些勇气，逼自己一把。怎样才能拥有逼自己走出舒适区的勇气呢？可以这样做：

（1）相信自己的能力。相信自己有能力去面对未来的挑战，相信自己可以克服困难。这种信念可以让你更加自信，从而勇敢地走出舒适区。

（2）制订计划。制订一份详细的计划，包括你要做什么、如何做、何时做等等。这样可以让你更加有目标，有计划地去面对未来的挑战。

（3）挑战自己。尝试去做一些自己平时不敢尝试的事情，比如参加一个演讲比赛、尝试一项新的工作等等。这样可以让你更加勇敢地去面对未来的挑战。

（4）坚持行动。勇气不是一次性的，而是需要不断地坚持和练习。所以，要坚持行动，不断地挑战自己，让自己变得更加勇敢。

> 众所周知，不经努力就能获得的成功稍纵即逝。
>
> ——阿尔弗雷德·阿德勒

做漆黑夜里的发光体

一个散客徒步团去大山里徒步，因为群龙无首，所以进度极慢，天黑前还未赶到下一个宿营地，这就意味着要赶夜路。在海拔两千多米的山脊上，一群人越过高山草甸，踏入丛林。树高林密，高悬夜空的月光清清淡淡，无法穿透密林，丛林里更是伸手不见五指，黑暗笼罩着一切，让人感到无所适从，更有许多不确定性，让人不安，也让人恐惧。众人心生怯懦，手牵着手，跌跌撞撞地在丛林中穿行。

就在这时，一个男子从包里取出一个头灯戴在头上，很快，一束光亮起。众人松了一口气，都紧跟在他身边，稳稳地向前走着。这一刻，男子成为漆黑夜里的发光体，照亮众人脚下的路。大家也安全地到达宿营地。第二天，众人都推荐这名男子成为该团队的队长。

这个故事告诉我们，漆黑的夜不可怕，可怕的是没有一束光。组团不可怕，可怕的是没有一个成为团队指引灯的人。

人是群居动物，自然是要面临团队作战，学校里的班组、公司里的部门，谁也无可避免做其中一员。团队作战，在困难时刻，需要有人给予指引和支持，让团队成员更有信心和勇气面对挑战。这个人，就是团队中的指引灯，当团队面临困难，穿越黑暗时，他就是那个发光体，照亮团队前行的路，带领团队走向成功。

每一个人，都有机会做发光体。你是学生，就做班级里的发光体，成为同学们的榜样，带领他们一起成长。你是职场新人，就做公司里的发光体，用自己的专业知识和敬业精神，为公司做出贡献。你是社会公民，就做社区里的发光体，积极参与公益事业，为社会做出贡献。无论你身处哪个领域，只要你肩负起自己的责任，用自己的行动去照亮他人，就能成为发光体，为这个社会增添更多的光明和正能量。

当然，要做漆黑夜里的发光体，可不是一句简单的话就能实现的，需要付出很大的努力。阿德勒说："众所周知，不经努力就能获得的成功稍纵即逝。"不经努力的发光体，注定是短暂的，转瞬即逝。

有个男孩，高中阶段，同学们都在认真学习，大家争分夺秒地去琢磨每一道题的解法，每一篇作文的写法，每一个单词的读法。唯独他，每天都在琢磨怎样拿到试卷答案并记熟它们。每次考试，他总是能考到高分，哄得父母十分高兴，其他班的同学不明就里，也都以他为榜样，他成了同学们在高考那段艰辛岁月中的发光体。

父母的夸赞和同学的仰慕，让他更加变本加厉地找答案记答案，久而久之，他自己都忘记了成绩是靠抄答案得来的，更完全忽略了自己要认真学习的根本。高考的时候，其他同学纷纷考上心仪的学校，而这个男孩却只考了二百分，就连大专院校都进不去。在同学们眼里，他不再发光，反而成了大家茶余饭后的笑料。

不经努力的成功稍纵即逝，不经努力的发光体，也注定不能长久。发光体并不是生来就有这种能力的，它们需要经历一段时间的生长和发展，才能展现出自己的光芒。同样的，我们也需要在人生的道路上不断努力，不断学习，才能成为那个在黑暗中闪耀的光芒。

要做漆黑夜里的发光体，不只是要努力提高自己的能力，让自己成为有真才实学的人。还要摒弃怯懦。怯懦是一种负面情绪，它会让人胆怯，做事畏首畏尾，从而失去自信。

草木皆兵一词，想必大家都知道，而这个词便是说的一个关于怯懦导致失败的故事。

公元 383 年，前秦皇帝苻坚对外声称，率领百万兵马南下攻打东晋。东晋将军谢石吩咐手下谢玄率领八万士兵迎战。在兵马数量上面，差距太大了，苻坚本该是胜券在握的。

然而，谢玄在淝水对岸布兵时，巧用了山势地貌。他兵分两路，安排一部分人在水路，一部分人在山峦。苻坚远远望去，河道里桅杆林立，战船密布；山峦上黑影绰约，人头攒动。一阵风吹过，河道战旗飘扬，山峦上草木晃动，就像是无数的士兵在活动。

这可把苻坚吓得不轻，纵然手握百万兵马，但他还是心生怯懦。畏惧起，退意生。他当即下令兵马后退。然而，兵马太多，整齐后退根本不可能，很快就形成自相践踏的惨剧。不等晋军动手，秦兵已经溃不成军，最终大败而归。

苻坚是秦兵的最高指挥官，是秦兵的指引灯，然而他这个发光体，却因为心生怯懦，导致团队溃散，由此可见，要做漆黑夜里的发光体,怯懦当第一个摒弃。

在黑暗的环境,人们往往会感到孤独和无助,倘若我们不怯懦,不畏惧,我们就可以成为那束照亮前方的光,为周围的人带来希望和力量。

▶ 静心的智慧

人类的社会属性标志着我们注定要团队协作。想要成为团队里面不拖后腿的人,甚至还能为团队做出一些贡献,就要摒弃怯懦。可以从以下几点入手:

(1)表达自己的想法。团队需要每个人的思考和贡献,而不是一个人的独断专行,所以要勇于表达自己的想法和意见,不怕犯错或被否定。

(2)主动承担责任。团队的成功需要每个人的积极参与和努力,而不是一个人的懒惰和逃避,主动承担自己的责任和任务,不要拖延或推卸责任。

(3)拒绝独断。团队合作需要大家相互支持和配合,而不是一个人的自我中心和傲慢,学会与他人合作和协调,不要自私或独断。

(4)提高能力。团队需要每个人的成长和进步,而不是一个人的停滞和退步,不断学习和提高自己的能力和素质,为团队发挥更大的作用和价值。

> 走出洞穴的人就是哲学家。
>
> ——阿尔弗雷德·阿德勒

每天勇敢一点,每天进步一点

阿德勒看柏拉图的《理想国》,常讲起柏拉图提到的一个故事。故事说:"有一群人,世世代代生活在洞穴中,并把火光照出来的影子当成了真实的事物。后来,有一个人勇敢地走出洞穴,接触到了真实的事物,才明白,影像是虚无的,太阳才是万物的主宰。"

讲完这个故事后,阿德勒感叹道:"走出洞穴的人就是哲学家。"但事实上,还有一层阿德勒没有讲到,走出洞穴的人,更是一名勇士。他走出洞外的勇气不是一朝一夕就有的,而是经过无数次的积累,才踏出那一步的。

假想一下,当所有人都在洞穴里以影子为真实世界时,长辈们警告他们:不能张望外面,更不能往外面去。而那名勇士则抬头眺望洞外,这时的他比众人都勇敢了一点,因为他敢张望外面了。第二天,他想要看到更多的光明,就往洞穴口挪动一步,这时的他,比昨天的自己又更勇敢了一点。就这样,每天勇敢一点,每天进步一点,最终,他挪到洞穴口,并踏出那一步。此时的他,已经成为勇士,勇士看到真实的世界,也就成了哲学家。

美国著名社会活动家埃莉诺·罗斯福要求自己"每天勇敢一点，每天进步一点！"她曾经说过："你必须做你认为你无法做到的事情，你必须去挑战自己。每天勇敢一点，每天进步一点，这是你所能做到的最好的事情。"她正是凭着这句座右铭，一路成长起来的。

儿时的埃莉诺，面容老相，性格腼腆、内向，常常因为父母离异而满怀忧虑。她的母亲不但没有安慰她，还总是当着别人的面奚落她长得丑，甚至叫她"奶奶"，这让埃莉诺很怯懦。她以畏惧的眼光，打量着这个不友好的世界。

八岁时，她的母亲因病去世，十岁时，她的父亲又酗酒致死。失去双亲的她，愈发怯懦了。不过，很快她就意识到，自己这样怯怯懦懦，将在这个世界无以立足，她必须做出改变，否则她就等着世界将她抛弃吧！

埃莉诺秉持着每天勇敢一点的原则，今天去学习游泳，明天去学习穿戴，后天则去学习梳妆。她每天进步一点，时日一长，她变成了无所不能的小才女。她的才华也吸引了身边所有人的目光，他们对她赞不绝口。

埃莉诺尝到"每天勇敢一点，每天就会进步一点"的甜头，当她拥有很多技能后，她把目光投向远方。她勇敢地游历欧洲许多国家，见识广阔的世面。这份不断持续的勇敢，不但让她收获了美国总统罗斯福的爱，还让她成为著名的社会活动家。

如果你的起点不够好，你也不要心生畏惧，不要怯懦不前，像埃莉诺那样，每天勇敢一点，你就能每天进步一点。积硅步，至千里！只要不断积累，就能够突破自己，也就能在人生的道路上走得更远。

世界上，天生勇敢的人太少，大多数人都是怯懦的。所以，如果你是一个胆小怕事的人，总是害怕尝试新的事物，害怕失败的可能，不要担心，大多数人和你一样。要明白一个道理：发怎样的牌由命运说了算，但怎样出牌却是牌家说了算！

你要尝试勇敢一点，每天做一些你以前从未尝试过的事情。比如，参加一些比赛，学习一些新的技能，和陌生人交流，等等。虽然一开始你还是会紧张和害怕，但是当你成功完成这些挑战后，你就会感到非常地兴奋和满足。

鼓足勇气去做的每一次挑战，印象都非常深刻，都是一次成长的机会。当我们经历了一些挫折和失败后，就会明白：失败并不可怕！只要能够从中吸取教训，努力改正自己的不足，在下一次挑战中，我们就能更加出色。

▶ 静心的智慧

勇敢不是与生俱来的，是后天训练所得的。怎样才能让自己变得勇敢呢？可以这样做：

（1）直面畏惧。勇敢不是没有畏惧，而是能够克服畏惧。面对畏惧，不要逃避或回避，要勇敢地面对它，逐渐习惯和克服。

（2）设定目标。设定目标并努力实现它们，可以让自己更加勇敢和自信。

（3）积极思考。积极思考可以帮助你克服怯懦的负面情绪。告诉自己，你可以做到，你有能力克服困难，这样就能让自己更加勇敢。

> 再糟糕的孩子也有被挽救的可能。
> ——阿尔弗雷德·阿德勒

困境不是终点，而是奋斗的起点

三国时期的刘备，虽然有诸葛亮、关羽等英才的助力，还是遭遇到许多困境。他曾经被曹操追杀，被孙权暗算，每一次都差点丧命，但他并未畏惧和认命，而是将困境视为起点，这种态度让他不但得以保全性命，还每次都有收获。

且不说别的，就说他被孙权暗算那次。赤壁之战后，孙权和周瑜出兵打跑了曹操，回头却发现，刘备趁机占据了荆州。这可把孙权和周瑜气坏了，他们以要把孙权妹妹孙尚香嫁给刘备为由，将刘备骗到南徐。南徐是孙权的地盘，刘备来到这里，便犹如龙困浅滩，虎落平阳。

但困在此处的刘备并未心生畏惧，而是积极采取行动。他先在南徐城大肆宣扬，让天下人都知道自己在孙权的地盘上。然后，他又极尽能事哄得孙权母亲——吴国太后的欢心。有了丈母娘的青睐和天下人的监督，孙权纵有心暗算他，却也不敢轻举妄动，最终只好让他带着自己的妹子回蜀国去了。

刘备不但脱了困境，还迎娶能文能武的妻子，为他后来的三国争霸注入新的活力和动力。这件事情充分说明一个道理："困境不是终点,而是奋斗的起点。

阿德勒认为,再糟糕的孩子也有被挽救的可能:"只要你把困境视为起点,并为之奋斗。" 在三国鼎立中,相比起孙权和曹操,刘备的实力最弱,处境也最糟糕,但他总在要失败之际获得成功,究其原因,就是不惧困境。

人生免不了会遇到各种各样的困境,比如,工作上的挫折、感情上的失落、家庭上的矛盾等。这些困境无法逃避,我们唯一能做的,就是选择面对它们。要相信一点:困境并不是终点,只是人生中的一道坎,我们需要跨过去才能继续前行。

一老一小两个相依为命的人,每天依靠弹琴卖艺维持生活。一天,老人终于支撑不住,病倒了,他自知不久将离开人世,便把小孩叫到床头,紧紧拉着他的手,吃力地说:"孩子,我这里有个秘方,这个秘方可以帮你脱离贫困。我把它藏在琴里面了,但你千万记住,你必须在弹断第一千根琴弦的时候才能把它取出来。"小孩流着眼泪答应了师父,老人含笑离去。

一天又一天,一年又一年,小孩谨记师父的遗嘱,不知疲倦地弹奏着,当他弹断第一千根琴弦的时候,早年那个弱不禁风的少年垂垂老矣。他按捺不住内心的喜悦,双手颤抖着,慢慢地打开琴盒,取出秘方。然而,那只是一张白纸,上面什么都没有。他的泪水滴落在纸上,脸上却露出了笑容。

这个故事里,是师父欺骗了小孩吗?过去的小孩,如今的老人,拿着一张什么都没有的白纸,泪水流出来了,脸上却笑了。就在拿出"秘方"的那一瞬间,他突然明白了师父的用意,那虽然是一张白纸,却是一个没有写字的秘方,一个难以窃取的秘方。只有他,从少年到老年弹断一千根琴弦后,才能感悟这无字秘方的真谛。那秘方是希望之光，是在困境与煎熬中，师父为他点燃的一盏明灯。

身体陷入困境不可怕，可怕的是思想也陷入困境。要有正念，告诉自己：再糟糕的孩子也有被挽救的可能，困境只会让我们更坚强和勇敢。

当我们遇到困境时，不要轻易放弃，要坚信，困境只是暂时的，需要用勇气和智慧去克服它。当我们面对困境时，要克服恐惧和不安，积极寻找解决方法。

▶ 静心的智慧

人是情绪性动物，当我们陷入困境时，本能地就会心生畏惧。这时，浅谈努力奋斗，往往是不现实的。要克服这种畏惧，可以这样做：

（1）了解自己的情绪。在面对困境时，先了解自己的情绪状态，判断自己是否处于恐惧和绝望等消极情绪中，然后尝试调节自己的情绪。

（2）积极思考。发现我们已经陷入消极的思维模式，就要心生警觉，马上转念，让自己积极思考，寻找解决问题的方法。

（3）制订计划。通过积极思考，找到解决问题的方法后，马上制订具体的计划。这个计划需要量身定制，根据自己的实际情况来制订。

（4）行动起来。写好计划，马上行动起来。只有付诸实践，才能真正克服畏惧，走出困境。

第十一章

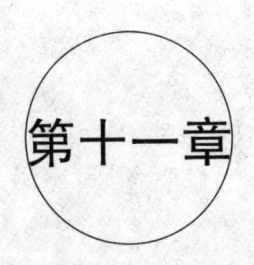

不计较的智慧：
会让步的人才不会退步

何为智？大事不糊涂、小事不计较！在日常生活中，时常会遇到不同的观点和意见，这时我们往往会固执己见，拒绝妥协。然而，这种态度不仅会导致我们失去与他人交流的机会，也会妨碍自身的成长。因此，懂得让步，不计较，是一种非常重要的智慧。要知道，幸福往往不在得到多，而在计较少。

> 人之所以能成长、进步，其本质是因为内心有明确的目标，充满了不断向上的追求。
>
> ——阿尔弗雷德·阿德勒

小事何必计较，大事何须惊慌

一个人过得好不好，一定程度上在于看不看得开。看得开，自然就能放下；看不开，就会容易较真。凡事较真，肯定过不好。

一对情侣出去玩，女生想去逛街，男生想去游乐厅。两个人商量半天，争执不下，最后不欢而散。

如果这对情侣能够看得开，就不会因为这件小事而争吵，而是互相尊重对方的想法，找到一个妥协点，也许他们可以先去逛街，再去游乐厅，或者分别去各自想去的地方，相约在某个时间地点见面。这样，他们就能够愉快地度过这个假期，而不会因为一点小事而影响彼此的情感。

他们之间，最重要的事情是相互了解，为将来组建家庭打基础；相互成就，因为对方而成为更好的自己，这才是恋爱的目标。倘若把精力都用在这种小事的争吵上，只会相互内耗，对于要追求的目标是无济于事的。

阿德勒说:"人之所以能成长、进步,其本质是因为内心有明确的目标,充满了不断向上的追求。"如果于你追求的目标无益,那就是小事,何必计较!

在生活中,我们常常会遇到一些琐碎的小事。比如,出门忘记了带钥匙、被人误解谩骂、高速路上开车错过了出口等。这些事情当下里足以让人情绪崩溃,但事实上都是那么微不足道,如果我们总是因为这些小事而烦恼不已,那么生活就会变得一团糟。正确的做法是,放下这些小事,不执着,不计较,让自己的心情保持愉悦。

有一对父子,都在外面出差。这天,孩子父亲回到家里,孩子妈妈已经做好一桌饭菜。父亲看清饭菜,和妻子大吵起来:"这菜都不是我爱吃的,我累死累活地工作,就给我吃这个?这日子没法过了,想吃口爱吃的饭菜,都实现不了。"

孩子妈妈说:"咱们家平常不就是吃这些饭菜吗?"

孩子父亲嚷嚷道:"平日里我不累,今天我累了,就想吃我爱吃的。"

两个人越吵越凶,最后孩子父亲恼怒地将桌子掀翻在地。孩子妈妈被激怒了,一时间,吵架上升到暴力。

过了几天,儿子回到家,饭桌上也摆好饭菜。儿子看了一眼,笑眯眯地对妈妈说:"妈,这些菜很好,不过咱们等一会儿再吃吧。"说完,他拿起手机在外卖平台上点了几个菜。

等菜送到后,妈妈发现都是儿子平日里吃得最多的菜,她才知道,儿子不喜欢这桌饭菜。

不过,儿子没有在这件小事上计较,反而积极想办法照顾妈妈的情绪,这让她很欣慰,而且她也相信,将来儿子组建家庭后，绝不会像她和丈夫那样搞得鸡犬不宁。毕竟，揪住小事斤斤计较的人，往往管理不好自己的情绪，也无法让一个家庭安稳。

《菜根谭》里说："大聪明的人，小事必朦胧；大憒懂的人，小事必伺察。盖伺察乃憒懂之根，而朦胧正聪明之窟也。"意思是说，一个拥有大智慧的人，在小事上不会太计较；而愚蠢的人，在小事上总是表现得聪明。所以，在小事上聪明是一个人愚蠢的根源，而在小事上糊涂，才是一个人真正聪明的表现。

有人说，人生只有两件事，"我的事"与"关我什么事"。这话是不正确的，我们不能只顾自己的事，而忽略了周围的人和事。同时，我们也不能对所有事情都漠不关心，因为我们生活在同一个社会中，我们的行为和决策会影响到其他人和整个社会。倘若一定要说"人生只有两件事情"的话，应该是"小事"与"大事"。

面对这两件事情，正确的态度应该是：小事何必计较，大事何须惊慌。想要在生活的河流中畅游，就要学会分清轻重缓急，不要因为小事而斤斤计较，也不要因为大事而惊慌失措。

前面我们说了，遇到小事要糊涂，不要较真。但遇到大事该怎么办呢？每个人的生活中都会遇到一些大事，比如，生病、失业、离婚等。这些大事会给我们带来很大的困扰和痛苦，很多人因此而惊慌失措。

大桥上，一个青年男子翻过栏杆。眼看他就要纵身跳海，亏得一位外卖小哥停下车，迅速冲过去一把拽住他，才避免一场惨剧发生。那男子瘫坐在地上，失声痛哭起来，他说："你不该救我，父母确诊癌症，都躺在医院等我拿钱支付医药费，可我刚才被公司辞了，一分钱都没有，我不知道该怎么办？"

这件事被传到网上，网友们纷纷伸出援手，有的企业提供岗位，有的网友捐款。这名男子的大事就这样得到转圜。

父母生病，自己失业，这是大事，大事赶在一起，可谓祸不单行。能不慌吗？然而，惊慌也解决不了问题。假如外卖小哥没能把他救下来，他父母的医药费就能筹出来吗？当然不能！所以，惊慌解决不了任何问题。

大事发生了，鼓足信心和勇气面对它们，拿出自己的坚强和勇敢，在转角处可能看到转机。 就像跳海男子后来被援助一样。一旦惊慌，造成不可挽回的恶果，那可真的一点转机都没有了！

小事何必计较，大事何须惊慌。这句话告诉我们，要学会放下一些小事，不要过于计较，让自己的心情保持愉悦；同时，也要学会，面对一些大事，要坚强和勇敢，让自己保持镇静。

▶ 静心的智慧

只有心胸宽广、遇事不钻牛角尖的人，才能在小事面前不计较，在大事面前不惊慌。那么，怎样才能做一个遇事不钻牛角尖的人呢？可以这样做：

（1）保持冷静。遇到问题或挑战时，不要急于做出决定或做出反应。保持冷静，思考解决问题的最佳方式。

（2）放下过去。不要为过去的错误或失败而沮丧或焦虑。恰恰应该从中吸取经验教训，并继续前进。

（3）拥抱变化。不要害怕或抗拒变化。相反，应该接受变化并适应它，以便更好地应对未来的挑战。

（4）保持积极。保持积极的心态，相信自己解决问题的能力，相信自己能轻松地处理任何困难。

> 坠向地面的石头，它的方向是确定的，并且带有一定的速度。
>
> ——阿尔弗雷德·阿德勒

让步是聪明人的选择

在一座石桥上，端坐着一个脚穿草鞋的老人。一个年轻人路过石桥时，老人突然把自己的草鞋脱下来扔进河里，然后喊年轻人："你去给我把草鞋捡回来。"

年轻人闻言，去把草鞋给他捡了回来。

谁知，老人接过鞋，二话不说，又将草鞋扔进河里，并再次说道："你去把我的鞋子捡回来。"

年轻人很诧异，不过，出于对老人的尊敬，他又一声不吭地帮老人捡回鞋子。

然而，老人第三次把鞋子扔进河里："年轻人，去给我把鞋子捡回来。"

年轻人并未计较老人是否在刁难自己，而是再次下到河里，把老人的草鞋捡回来，并恭恭敬敬地给老人穿好。老人会心一笑，拿出一本《太公兵法》传授给他。

后来，这个年轻人凭着这套兵法，辅佐刘邦夺得天下。这个年轻人就是汉代名臣张良。

面对老人提出的一次次无理要求,张良并未与之计较,而是一让再让,只讲忍让和付出,不计较是否刁难。最后的结果,便是他获得兵书,从此走上坦途,功成名就。

爱出者爱返,福往者福来。真正聪明的人,从不计较一时的得失,因为他们懂得:越付出越拥有,越是与人方便,福报也越多。张良便是真正的聪明人,因为忍让和付出爱,他也得到更多的福报。

让步是聪明人的选择,因为他们懂得,生命的本质,是向善而行。让步,便是一种向善的行动,它意味着能够放下自己的固执和自私,从对方的角度去考虑问题,寻求双方的共同利益和解决问题的最佳途径。

聪明人的让步,不是退缩,而是为了更好地解决问题。

阿德勒曾经讲过一个病例,一个十三岁的男孩,父亲是军官,母亲是全职妈妈。因为父亲不在家,所以男孩儿时享受到母亲无微不至的照顾和爱护。但在他八岁那年,他的妹妹出生了,母亲把时间和精力分了一部分给妹妹,妈妈这尽职尽责的举动,却让男孩无法接受。

他觉得自己不受重视,开始自暴自弃,懒散拖延,一旦不高兴,还揪扯母亲的头发。他无法接受母亲突然把爱分走一半给妹妹,所以他要变坏,让母亲注意到他。

母亲一让再让。阿德勒问她:"儿子变得这么恶劣,你为什么要一让再让?"

母亲回答说:"我知道他需要我的爱和关注,我不想让他觉得被遗弃。"

阿德勒说:"让步是聪明人的选择,但是让步的方向一定要准确。坠向地面的石头,它的方向是确定的,并且带有一定的速度。"

聪明的母亲马上做出调整,她在让步的同时,开始给儿子制定规矩,让他明白自己的行为是不被接受的。同时,她也开始花更多的时间和儿子沟通,让他感受到自己仍然是母亲心中所爱。

慢慢地,男孩开始变得成熟,他也理解了母亲的难处。他开始主动帮助照顾妹妹,而不是抱怨。他也变得更加自信和独立,因为他知道自己有一个支持自己的家庭。

母亲的让步,是爱;给他规范和引导,是给这份爱确定一个善的方向。假如我们把让步这件事情比喻成那块坠向地面的石头,那么,它的方向尽头,一定是善。方向永远不会变,而且越让步,越能够更快地接近那个方向。

让步并不是软弱和妥协,而是一种智慧和勇气。在人际关系中,让步可以缓解冲突,建立信任,增强合作。在个人成长中,让步可以让我们更加开放和包容,学会从别人身上吸取经验和智慧,不断完善自己,达到更高的境界。

俗话说:"让三分心平气和,退一步海阔天空。"懂得忍让和退步,便是人生大格局。因为有时候,让步可以保命。

韩信被恶霸欺凌,以"让他钻裆"羞辱之。此番羞辱谁能忍让?

韩信做到了!他默默地从恶霸胯下钻过。这种忍让,已经超越聪明,而是大智慧所为了。要知道,匹夫才逞一时之勇。不让,而将自己置于险地,与愚者在鸡零狗碎的小事上纠缠,还怎么有精力去与群英争天下呢!

让步是以理服人的最高境界,是聪明人的选择。学会让步,心自然静下来,福气也自然来!

▶ 静心的智慧

人活一口气,当遇到有人故意刁难时,出于尊严,是最难做出让步的。但越难,越要做:

(1)冷静分析。先冷静分析对方的要求和自己的利益,看看是否存在妥协的余地。

(2)沟通解决。尝试和对方进行沟通,了解对方的需求和要求,寻找解决问题的方法。

(3)学会妥协。妥协是一种智慧,需要学会在不失尊严和原则的前提下,与他人达成妥协。

> 一个错误的判断，会导致一个错误的目标。
>
> ——阿尔弗雷德·阿德勒

别太较真，尊重他人才会顺利

有一天，鲁迅先生在家宴请宾客，仅有几岁的周海婴同席。席间上了一道鱼圆。客人都夸鱼圆新鲜可口，唯有海婴对妈妈许广平说："妈妈，鱼圆是酸的。"许广平以为孩子胡闹，便提醒他不要乱说，海婴委屈得几乎掉下泪来。

鲁迅先生见此情景，便夹起海婴咬过的鱼圆尝了尝，随后笑道："果然是酸的，差点做出错误的判断。看来，孩子虽小，也要尊重他们的意见！"

对于孩子尚且要给予尊重，更何况是有独立思想和成熟判断的成年人？**只有懂得尊重他人，才能获得对方的尊重，也才能获得更多的赞赏和认同。**

孟子讲过一个"嗟来之食"的故事。春秋战国时期，有一年，齐国发生灾害，灾民颗粒无收，只好去街上乞讨。城里的贵族黔敖想博取好名声，便吩咐家仆熬了粥端到街上。

他对众人呼喝道："喂，过来吃饭。"

灾民闻声而动，纷纷赶去抢粥碗。唯有一个汉子不为所动。

黔敖奇怪，又冲他呼喝："喂，过来吃饭。"

汉子回道："你这样呼来喝去，像施舍猫狗。言行恶劣，让人生厌。即使是饿死，这样的饭，我也是不会吃的。"其他灾民听了他们的对话，也都纷纷放下粥碗，远离黔敖。

黔敖本是想博取好名声，却因为不够尊重他人，而没有得到他想要的敬重。

孟子说："敬人者，人恒敬之。"尊重是相互的，如果我们尊重他人，那么其他人也会尊重我们。

尊重他人，不但可以建立良好的关系，增强彼此之间的信任和合作，还可以促进我们自己的成长和进步。

我们都不是天生就正确，懂得尊重他人，可以给自己更多审视的机会，避免做出错误的判断。阿德勒曾经说过："一个错误的判断，会导致一个错误的目标。"如果判断错了，差之毫厘，谬之千里，就会偏离原本的轨道，最终导致事与愿违。

尊重他人的首要一条，就是不较真。"不较真"是一种处世之道，意思是不要在小事上纠结，要学会尊重他人的意见，不把自己的意见强加于人。

也就是说，在与他人交往时，我们应该避免过于计较细节或小事情，尤其是在意见有分歧的时候，我们应该尊重对方的观点和决定，不要过于争论，或强行让对方接受自己的想法，这样才能让我们的人际关系更加融洽。

不较真，才能活得更轻松。如果我们总是较真，往往会变得固执己见，不愿意接受别人的意见，这样就会让人际关系变得紧张。

小陈就是一个爱较真的人。有一次，他和同学小李讨论一道数学题。小陈认为答案是 A，而小李认为答案是 B。他们争论了很久，即使小李偃旗息鼓，不想争吵都不行。

最终，小陈才发现，其实是自己错了，可是他们已经因为争论浪费了几个小时的时间。

换个角度来看，如果小陈不是爱较真的人，他懂得尊重小李的意见，就不会固执己见地和小李争吵，而是冷静思考小李的话，以更早找到正确的答案。

静思一下，在生活中，你是不是经常像小陈那样，爱较真、不尊重他人的意见，导致自己和正确答案擦肩而过，离所想要去的目标越来越远呢？所以啊，别太较真，尊重他人自己才会顺利。

虽然知道了"不尊重他人，便会导致自己不顺"的道理，但是一个人的脾气秉性是从小养成的，即使有不尊重他人的习气，也很难觉察到。

比如：在小组讨论中，一个人总是打断别人的发言，不听取他人意见，最终导致小组无法有效地讨论问题。

在家庭聚会上，一个人总是独断专行地安排活动和食物，不尊重其他家庭成员的意见，最终导致家庭成员之间的矛盾加深。

在工作中，一个人总是自我为中心，不听取同事的意见，最终导致工作效率低下，团队合作受到影响。

在社交场合中，一个人总是强行表达自己的观点，不尊重他人的立场和意见，最终导致人际关系疏远。

在学习中，一个人总是独断专行地学习，不听取老师和同学的建议，最终导致学习成绩不如意。

尊重他人，不代表你将自己的想法抛之脑后，而是在理性的基础上进行沟通和交流。尊重他人，不是一种软弱和妥协，而是一种成熟和理性。

▶ **静心的智慧**

在和他人意见相左的时候,怎样才能做到不较真呢?可以这样做:

(1)接受不同意见。首先要明白,每个人都有不同的观点和经验,接受这些不同意见是很正常的。不要试图说服别人,而是尊重他人的观点。

(2)不要争辩。如果你发现自己和别人在某个问题上意见不合,不要试图争辩。争论只会让局面更加紧张,而且可能会导致双方都无法达成一致。

(3)尝试理解对方。在与他人交流时,尝试听取对方观点并理解对方的立场。这有助于缓解紧张局势,并可能帮助你更好地理解他们的想法。

(4)不要把事情看得太严重。在与他人交流时,记得保持轻松和幽默感,并尝试不要把事情看得太重。

> 束缚人类的第二根纽带是:我们人类是一个大家庭,我们不能离开他人而活。
>
> ——阿尔弗雷德·阿德勒

只有不计较输,才有可能赢

在一个阳光明媚的上午,由美国著名企业家马斯克创立的太空探索技术公司,发射了最新一代运载火箭"星舰"。

当天,全世界都在关注此事。然而,发射三分钟后,星舰的超重型推进器部分未能分离,星舰在高空发生爆炸。这意味着,马斯克输了!

全世界都在捶胸顿足心疼不已,马斯克却并未计较输赢。他说:"虽然发射未能成功,但很幸运,飞船已经飞上天,离发射台足够远才爆炸,没有炸毁发射台。"这可是价值数以百亿的项目,换作任何一个人,都会把此次发射看得很重,但马斯克用一句话就轻描淡写地总结了。

事实上,不计较输的他,在所有人都还在为此次失败扼腕叹息时,已经开始了新的征程。他说:"在这次测试中,我们学到了很多东西,这将为快速推进星舰的开发提供有价值的信息和参数,以致力于下一次的飞行测试。"

只有不计较输,才能迅速又客观地总结经验和教训,以更好地应对这些问题,并在下一次实验中取得更好的成果。也才有可能得到赢。

不计较输,是工作中非常重要的一条原则,它不只是体现在项目进展里,也体现在团队合作中。

研发出 ChatGPT 的山姆·阿尔特曼,是一名成功的企业家。他带领团队研发的 GPT,一夜之间改变了全人类的思维模式,并逐步改变无数人的工作模式。他的团队之所以有这样的成就,正是因为创始人山姆,秉持了"不计较输"的原则。

早在上大学时,山姆就已经组建团队创业了。创业的路并不顺利,出来的产品不完美,这其中自然和他的战略有很大的关系。为此,团队成员向他明确指正错误。

对于一个团队的领导者来说,被员工说"错",这本身就已经输了。换做其他领导者,也许就恼怒了,要么解散团队,要么另招兵马。然而,那时的他虽然很年轻,却深谙"不计较输"的原则,团队成员指出他的错误时,他都虚心接受并马上改正。

有了这种态度的人,是不可能不成功的。他一路上虚心接受指正,并不停做出战略调整。在连续两次创业后,他带领团队创办了名叫"Locus"的人工智能初创公司,并被软件巨头 Red Hat 收购。他以"不计较输"的态度,打造出一支高效协作的团队,最终赢得成功。

在工作中,不计较输,可以让我们更加注重团队合作和协作,更加关注项目的进展和成果,从而提高工作效率和质量。

这条原则也同样适用于人际交往。

阿德勒说过:"束缚人类的第二根纽带是:我们人类是一个大家庭,我们不能离开他人而活。"所以人际关系至关重要。

我们经常会遇到各种不同的人和事，难免会发生矛盾和冲突。如果我们一味地计较输赢，往往会让情况变得更加糟糕，甚至会伤害到自己和他人的感情。

超市里，人们都在排队结账，一个妇人却是例外。她径直来到收银台前，此时，有一个顾客正准备把东西放到台子上，她"唰"一下抢在这位顾客前面，把手里的面包放了上去。

这位顾客很诧异地看了她一眼，她眼神躲闪着站到另一边，显然她也知道自己做得不对。

这位顾客更加生气，计较之心顿起，他厉声说："大家都在排队，你凭什么要插队？"

"我有事，让我先结。"妇人有些难为情，可还是固执地站在前面。

这位顾客想，自己明明占理，岂能让她不占理的人赢了去？胜败之心让他愈发坚持自己的观点："我管你有没有事，遵守规则，排队去。"

"你这人，怎么回事？我说了我真有事。"

一时间，两个人吵得不可开交。很快，后面排队的人也加入进来，矛盾逐步升级，最后恶化到动起手来，直到警察出勤来调解，才平息了事态。后来，满心烦恼的顾客结完账向家走去。在路上，他意外地看到，刚才那个妇人在艰难地推一辆轮椅上坡，轮椅上坐着一个白发苍苍的老人，老人表情痴呆，却不停扭动吵闹，让妇人推得更加艰难。这顾客愣住了，他有心上前帮那那妇人，却又被妇人掺杂愤怒和羞愧的眼神制止。

望着妇人远去，这顾客心情复杂，除了满心烦恼，还平添了很多纠结。他想：尽管这个妇人插队不对，但她的确事出有因，如果自己不那么计较输赢，就不会伤害到这个妇人了。

《菜根谭》里说：夜眠八尺，日啖二升，何须百般计较。人与人相处，如果处处计较，只会处处生烦恼。

《道德经》里说：上善若水，水利万物而不争。"争"，争的是一个"赢"字。但赢不是靠计较得来的，而是靠实力和努力获得的。

如果一个人总是过于计较，总想着赢了别人才能得到满足，那么他往往会在人际关系中失去很多机会，错过很多美好的事物。相反，如果像水一样温和、包容，不计较得失，就能够更好地与他人相处。上善若水的道理，正是告诉我们要学会放下计较，以温和包容的态度面对生活中的各种挑战。

人生中值得珍惜的喜悦，远比和人计较的烦恼要多，要更重要。喜悦可能是生活中的小事，比如，一个微笑、一份感谢、一次成功的尝试；也可能是人生中的大事，比如，获得工作上的成功，完成一项重要的任务，实现人生的梦想，等等。

当你放下计较，你就放下了烦恼；当你捧起喜悦，你就捧起了幸福。幸福，就是最大的赢！

▶静心的智慧

爱计较的人，难成功；成功的人，不爱计较。不计较的人，不是心胸宽广，就是格局高远，所以庄子说："成大事者，大多天生格局高远。"那么，怎样才能培养出高远的格局呢？可以这样做：

（1）培养宽广的视野。要多了解世界和人性，不断拓宽自己的视野，从多个角度看待问题。

（2）学会包容和理解。尊重别人的价值观和生活方式，学会包容和理解,不轻易做出判断。

(3)保持平和的心态。不要过于计较得失,保持平和的心态,不为小事情困扰,让自己的心境保持平静。

(4)持续学习和成长。不停地学习和成长,不断提升自己的素养和能力,让自己的格局更高远。

(5)有远大的目标和理想。有远大的目标和理想,不断追求更高的成就,让自己的格局更宏大。